全世界找辣吃！

Elisa Liu ◎ 著

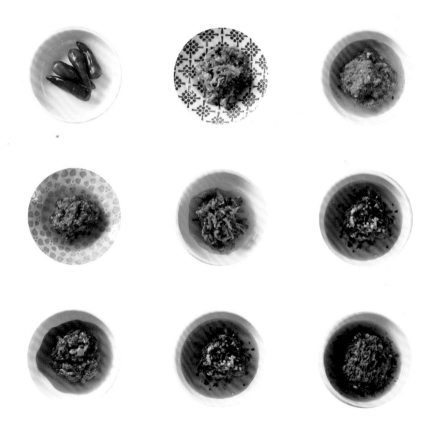

推薦序

　　料理就如人生經歷般，少了酸甜苦辣的調味，就無法展現出它的箇中滋味。對於哪一味，大家最有感覺？Q媽對「辣」特別有感，怎麼說呢？老爸是個外省人，從小看老爸的湯碗，總是紅通通一片。每每在廚房炒自製辣油時，大家不是閃遠遠的，就是直打噴嚏，老爸說：我的小孩要學會吃辣喔！料理沒有辣，吃起來特別沒味兒。我大概是所有小孩中最不嗜辣的一位，每次吃飯，都是邊吃邊哈，直冒汗⋯⋯但就是十足的過癮啊！吃辣，就是要痛快的吃！《全世界找辣吃》是本集結各式辣味做出的不同料理。Elisa在書裡自序中提到「廚房應有的溫度，就是維繫家人情感的最佳方式」Elisa也是位無辣不歡的美食料理者，因為有愛，所以料理有溫度，添加了屬於母親愛的辣滋味，為兒女為家人努力做個無所不能的掌廚者。這本書有豐富的異國世界辣味料理，藉由作者嗅覺、味覺與美學的結合饗宴傳遞，讓你無論想要品嘗哪一味？只要仔細去品味閱讀它就對了，通通學起來自己在家做，就能帶著家人翱遊美味餐桌的辣世界！

QQ廚房 -Q-ma

作者序

　　我自己非常愛吃辣，每一餐如果可能一定加上辣，冰箱裡總有自己做的瓶瓶罐罐各色辣椒醬，因應自己的需求。不管面前的餐點多麼不起眼，一瓢香辣的辣椒醬，就可以讓我心滿意足。不知道大家有沒有察覺，如果餐廳、小館裡準備的佐餐辣椒醬表現不俗，通常端出來的菜也不會太差的。

　　當編輯大人和我提出這本書的構想時，我的心情很興奮地處於一個摩拳擦掌的狀態。除了自己一直以來的拿手廚藝，也看了很多書，學了更多香料、辛辣材料的知識，收穫很大。我盡力的把香、辣的元素，和各色的食材融合在一起，花椒、辣椒的麻和辣，各色胡椒的嗆辣、酒香、醬香、香料香、香草香、果香，都放進這本書中。也加入了從前工作出差、到處旅行的吃吃喝喝體驗，許多料理都是自己嚐過後，回家改造或試做成功的，也是自己在海外努力觀察，廣巡傳統市場、超市的小小心得呈現。

　　編寫這本書的背後，有一個很大的心願支持著我承擔繁重的食譜書工作：真心希望主婦家長們，能夠回到廚房親手為家人做料理。維持

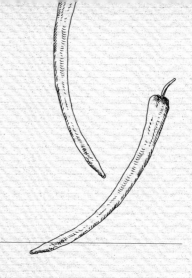

　　廚房應有的溫度，就是維繫家人情感的最佳方式。我的女兒蘇菲小姐
在她國小三年級時的某一天，對我說了一段話：媽媽沒有不會做的事，
除了不會做不好吃的菜。這一句話收在我的心裡，我為她準備的餐食
或許並不那麼精采，但是孩子領受了我的用心和愛。消費者在外食的
時候最在意的是 CP 值，在物價高漲的時候，業者如果不漲價，能夠
提供給我們的是哪一種等級的食材？如果圖方便，家人總是吃超商早
餐的不均衡飲食，健康如何掌握呢？

　　打開餐桌上方的餐桌燈，端出自己用心準備的佳餚，邀請家人、朋
友一起上桌享用。離開手機，關掉電視，在輕鬆的氛圍裡，彼此關心
的互動，這一桌的溫馨幸福，就是我最大的祝福，歡迎您來到我的餐
桌，盡情的吃香喝辣，快意人生！

Elisa 09 DEC 2016
Taipei

Hot Pepper

CONTENTS

◖ 櫥櫃裡常備醬料與香料

家製辣椒醬

各式各樣自己動手做的辣椒醬，發想多是來自外食時候的心得，每每吃到可口的辣椒醬，我必會把醬攤在盤上，仔細看看裡頭有甚麼材料，嘴裡吃到的是何種調味料？回到自己的廚房慢慢試做出來。自己手作辣椒醬可以完全避免添加物，也能控制醬料的鹹度，只要把握三個大原則：

1. 前置作業把玻璃瓶徹底消毒。
2. 夾取時用完全乾淨不帶油、水的器具。
3. 醬料有足夠的油脂。

自己做的辣椒醬放在冰箱保存半年以上應該沒有問題。我很開心有這個機會把自己的私房辣椒醬和讀者們分享，因為我們都是嗜辣的同好，歡迎大家全部夾走，並祝用餐愉快！

蒜蓉辣椒醬

這一瓶蒜蓉辣椒醬早在十年前就是我冰箱裡永不缺席的一瓶,蘸水餃、蔥油餅、鍋貼、水煎包、麵線糊、炒米粉都是絕配,又香又辣,製作非常簡單。

材料

朝天椒…200g
大蒜…70g
冷開水…180cc
香油…3大匙
沙拉油…300cc
鹽…1大匙

作法

1 紅辣椒去除蒂頭洗乾淨,大蒜拍一下去掉外皮,把前端乾的硬頭切掉備用。

2 取食物攪拌機,加入辣椒、大蒜、鹽、冷開水,打成細末。

3 起鍋加進香油3大匙,改中小火,倒入作法2,慢慢炒香。

4 倒入沙拉油,輕輕拌炒至煮沸,即可熄火。

T·I·P·S

掌握前面提醒的三大原則操作。少量製作,吃新鮮還是比較恰當的。

椒麻紅油

這一瓶噴香的辣油適合搭配滷味、水餃、涼麵、涼拌菜等等，美麗鮮豔的顏色，讓人食欲大開。

材料

粗片朝天椒粉…200g
大紅袍花椒…10g
青花椒…10g
葵花油…800ml
白芝麻…2 大匙
鹽…2 小匙

作法

1 兩種花椒以研磨機打碎備用。

2 辣椒粉和花椒粉、白芝麻、鹽放入耐熱容器中。

3 將油加熱，試著把一撮辣椒粗片投入，如果它翻滾著表示油夠熱，可以熄火。

4 把油沖入作法2當中，用湯匙稍微攪拌均勻即完成。

T·I·P·S

選用兩種花椒，希望能有花椒的麻（大紅袍）以及青花椒的柑橘香，如果手上只有單種花椒也可以製作。花椒不宜一次買太多，因為是很容易走失香味的一種香料，沒有香氣的花椒，做出來的辣油風味完全不對，這是要特別注意的（延伸食譜 P.125「麻辣花生」）。

小魚辣蘿蔔乾

這是有偶爾放鬆小酌一下習慣的朋友，一定要為自己準備的一個常備辣菜，香辣涮嘴，當心飲酒過量！

材料

辣椒…200g
豆豉…50g
蘿蔔乾…150g
小魚乾…100g
鹽…2 小匙
食用油…350cc

作法

1 蘿蔔乾洗淨，吃吃看如果很鹹，可以泡一下水，瀝乾切碎備用。

2 辣椒洗淨去掉蒂頭，瀝乾水分，切碎或以食物處理機代勞。小魚乾洗過瀝乾，豆豉略切一下備用。

3 起一個乾鍋，先下蘿蔔乾翻炒，直到全部乾爽飄出香氣，鏟出備用。

4 起鍋下少許油（分量外），放入小魚乾煸炒至酥香鏟出備用。

5 另起油鍋，放入少許油（分量外），炒香豆豉，加入辣椒末、小魚乾炒勻，放進食用油350cc，以鹽調味，中小火煮至滾沸，此時拌入蘿蔔乾炒勻就完成了。

T·I·P·S
先把蘿蔔乾水分炒乾可使保有較脆的口感。炒小魚乾的油不宜拿來續做此辣椒醬，以免腥味。

Spicy food

參巴辣椒醬

參巴醬是星馬一帶的日常辣椒醬，運用在娘惹家常菜以及街邊小吃之中（如本書中「咖哩叻沙」、「馬來風光」）。因為是家常菜的調味，所以製作參巴醬時用的香辛料及食材也不盡相同，現在在一般超市量販店或是南洋雜貨店都可以買到參巴醬，如果要避開現成醬料的添加物就自己動手，吃得安心。

材料

乾辣椒…10 支
新鮮辣椒…5 支
大蒜…8 顆
紅蔥頭…10 粒
蝦米…100g
香茅…3 支
南薑（或薑）…拇指長
峇拉煎…30g
檸檬汁…2 大匙
鹽…2 小匙
糖…2 小匙
食用油…適量

作法

1 峇拉煎先用乾鍋烙烤一下。

2 蝦米沖淨泡水10分鐘，大蒜去皮，香茅去外粗皮取前段白色部分，紅蔥頭去兩端剝除皮，薑也削除外皮，取食物調理機把辣椒、大蒜、紅蔥頭、南薑、香茅、峇拉煎，一起攪打成細末。

3 起油鍋入油，加入打成泥的材料，仔細的以中火翻炒到香氣散出，加入檸檬汁、鹽、糖，再度炒勻後，裝罐。

4 參巴醬存放冰箱可以有一個月左右的賞味期。

T·I·P·S

有些參巴辣醬加入了羅望子醬，製造特殊的酸香味，現在在街頭的南洋商店都可以買到齊全的材料，搭配福建麵、炒飯、海南雞飯、炒粿條、叻沙、甚至肉骨茶，光想就流口水，愛吃辣的一定要試試這南洋味（延伸食譜 P.82「南洋叻沙 Laksa」、P.142「馬來風光」）。

怪味醬

怪味醬之所以怪,在於香菜和其他食材結合後的特殊香氣,怪味醬可以衍生很多開胃下飯的食譜,如果不排斥香菜,值得一試。

材料

辣椒末…3 大匙
香菜根末…半杯
蒜泥…2 大匙
椒麻紅油…150cc
椒麻辣渣…2 大匙
鹽…1/2 小匙

作法

1 將所有材料充分混合,裝進保鮮罐裡放冰箱保存,在五日內食用完畢。

2 椒麻紅油及椒麻辣渣請參考P.11作法(延伸食譜P.135怪味涼粉拍黃瓜)。

XO 海鮮醬

這一瓶 XO 海鮮醬，是我最受親友歡迎的伴手禮。XO 醬食譜版本很多，我也曾一試再試，
真正鮮香餘韻無窮的條件，就是食材新鮮，再者，辛香料不複雜以免喧賓奪主。

材料

北海道干貝…150g
蝦米…80g
燙熟的新鮮小管…300g
紅辣椒或朝天椒…350g
大蒜…250g
蠔油…3 大匙
醬油…3 大匙
糖…1 小匙
鹽…1 小匙
油…700cc
米酒水…適量

作法

1　干貝以水略沖一下，放入米酒水淹過食材高出2公分，放入電鍋以
　　外鍋一杯半的水蒸過，取出拆成細絲。

2　小管洗淨去除腹腔雜質，拆成小圈。

3　蝦米用米酒水浸泡後，切碎備用。

4　辣椒去除蒂頭，大蒜拍碎去膜，用食物攪拌機打碎。

5　起鍋放入材料中一半量的油量（350cc），先把蝦米炒香，接著放
　　進小管，此時會起很多泡泡，這是因為海鮮的水分，這個步驟要炒
　　到泡泡變少，周圍的油變得清澈。

6　接著加入干貝，開始的時候也會起泡，一樣以中小火炒至泡泡變
　　少，油脂清澈。

7　辣椒蒜末放入，並注入其餘的油，翻炒到蒜香飄出，加入所有調味
　　料，續炒至滾沸就完成了。

T·I·P·S

如果製作分量大，趁熱裝入消毒過乾燥的玻璃罐，蓋上蓋子，倒立放
置至涼透，此時蓋子的安全鈕往下吸住就可延長保存期限。

XO 海鮮醬，除了拌麵拌飯，可以拌燙青菜，清蒸臭豆腐，用途很廣，
以乾淨的工具夾取，冰箱可置放一至二個月（延伸食譜 P. 93「XO 醬
公仔麵隨意炒」）。

香椿辣椒醬

這是一瓶有深度的辣椒醬,香椿受熱後會呈深色,但是香氣令人印象深刻,雖然名為辣椒醬,嘗來卻是溫和平衡的,很適合愛吃辣的茹素朋友。

材料

香椿嫩葉…1 把
辣椒…100g
豆豉…40g
鹽…1 小匙
沙拉油…100cc

作法

1 香椿嫩葉洗淨瀝乾,辣椒去蒂頭洗淨瀝乾,豆豉略微切碎。

2 取食物攪拌機,放入香椿葉及辣椒、沙拉油打成細末。

3 起鍋放進作法2,加進豆豉及鹽炒透,滾沸時即可熄火。

T·I·P·S

香椿洗淨攤開讓水氣散掉,或用電扇小風吹乾。延伸食譜:
P.133「香椿百頁」。

湖南老虎醬

看到老虎醬,直覺就想起了餛飩麵,香辣的抄手。我自己非常喜歡拿來配飯,
或簡單的拌個細麵,心情、味蕾都大大滿足!

材料

辣椒…200g
大蒜…200g
豆豉…50g
食用油…350g
鹽…2 小匙
白醋…2 大匙

作法

1 紅辣椒去除蒂頭洗乾淨,大蒜拍一下去掉外皮,
  把前端乾的硬頭切掉備用。

2 取食物攪拌機,加入辣椒、大蒜打成粗末。

3 起鍋入油,把作法2及豆豉加進拌炒,隨著油溫升
  高會聞到飄出的香氣,此時可以加入鹽拌勻。

4 當所有材料滾沸後,熄火,拌入2大匙白醋就完成
  了。

T·I·P·S

豆豉請選擇濕的,但是呈顆粒狀,而不是整瓶濕爛的
那一種。少量製作,在一個月內吃完。當然如果帶到
辦公室,一頓飯下來就會被同事挖得瓶底朝天。

09

泡椒罐

愛吃辣的老饕冰箱必備，泡椒是醃製品，發酵的酸辣，風味獨特。料理泡菜炒牛肉、酸豇豆炒肉末、醋溜泡椒腸頭、魚香肉絲，非常好用。很多異國料理也運用泡椒，在中南半島國家、墨西哥被廣泛使用，傳統的中菜仍以鮮紅的辣椒來泡製。

材料

紅辣椒…250g
鹽…25g
糖…5g
米酒…2 小匙
花椒…1/4 小匙

作法

1 辣椒去蒂頭洗淨充分吹乾。

2 取玻璃罐消毒充分乾燥備用。

3 把所有材料放進玻璃罐中，注入乾淨的冷開水至水量蓋過辣椒，蓋上蓋子放室溫約五日至一周，聞聞看有酸度或目視已經有細小泡泡時轉置冰箱。

T·I·P·S

每次夾取時要用乾淨的筷子，然後旋緊蓋子冷藏，可以保存半年以上（延伸食譜 P.130「泡椒海蜇木瓜絲」）。

Sp cy food

主菜

雞鴨魚肉，分量不需多，
搭配得宜的調料醬汁，
在餐桌上就能展現掌廚者的誠意和用心。
攝取均衡營養，多白肉少紅肉，
並且不浪費食物，大家吃得開心健康。

香煎鴨胸綠胡椒醬佐焦糖洋蔥

喜歡吃辣的同好，
一定和我一樣喜歡綠胡椒特殊的香氣和勁辣的風味。
通常西式料理的綠胡椒醬比較常見的是搭配牛排。
這一道煎鴨胸的料理，
有一些技巧，避免煎出乾柴過頭的鴨胸。
現在在大型的超市都可以購得冷凍真空包的鴨胸，
烹調前轉至冷藏解凍就可以料理。
這裡搭配了做西餐必備馬步功夫的焦糖洋蔥，
但卻是以最省時的方式達到美麗的色澤和美味。

香煎鴨胸綠胡椒醬
佐焦糖洋蔥

材料

鴨胸…1 副
玄米油…2 大匙
鹽…少許
黑胡椒粉…少許

綠胡椒醬材料

無鹽奶油…35g
雞高湯…1 杯
綠胡椒…1 大匙
白酒…2 大匙
鮮奶油…2 大匙
洋蔥粉…1 小匙
鹽…適量

焦糖洋蔥材料

洋蔥…1 個（中小型）
魚露…1 大匙
砂糖…35g
水…50cc

作法

1　鴨胸皮面切出菱格紋，充分拭乾水分，放在紙巾上，撒上鹽及黑胡椒粉調味。

2　先做綠胡椒醬，綠胡椒以牛排槌略敲碎備用。

3　起一個平底鍋，小火加熱無鹽奶油，再放進綠胡椒炒香，大約20秒的時間，淋入白酒，倒進雞高湯煮滾，加鮮奶油續煮5分鐘，見醬汁稍微濃稠，加入鹽和洋蔥粉調味，完成綠胡椒醬。

4　烤箱先預熱至攝氏180度。

5　平底鍋加熱，維持中大火，把鴨胸皮面朝下入鍋開始煎，注意不要去翻動鴨肉，約8分鐘後翻面，另一面維持中大火煎3分鐘，此時上下兩端都已變淺色，鴨油也全煎出來了，把鴨胸轉至烤盤中，放入已預熱的烤箱，以攝氏180度烤10分鐘後取出。

6　取出鴨胸靜置在盤子上，這時來製作焦糖洋蔥，把鴨油從平底鍋倒出來只留一點點餘油，將洋蔥炒香炒軟，維持中小火，想像自己在練功，一定要有耐性，約7分鐘之後，洋蔥已經很軟了，把魚露、砂糖和水拌勻倒在洋蔥上，用筷子翻拌洋蔥，利用鍋氣讓醬汁迅速被洋蔥吸收，直到湯汁被洋蔥吸乾，這時洋蔥呈現深琥珀亮亮的顏色，就完成焦糖洋蔥。

7　鴨胸靜置約15到20分鐘後再切片，搭洋蔥和綠胡椒醬一起品嚐，將美食排盤。

T·I·P·S

西餐中做焦糖洋蔥費時費工，這裡示範的是精短版，用這樣的方式做出來的焦糖洋蔥有著濃濃的奶油香，相信是魚露和鴨油結合的絕妙滋味。鴨胸烤好不要立刻切片，讓細胞吸回肉汁再切，可以保有較多水分，才不會切出一攤血水。綠胡椒下鍋前可以略微拍碎，香氣更足。動手試試煎鴨胸，在家族聚會或朋友相聚時貢獻這一道法式佳餚，一定會大獲讚賞！

沙嗲烤串 &
蒜香薑黃飯

材料

雞腿肉…400g
杏鮑菇（大）…1 只

絞肉醃料

醬油…2 小匙
米酒…1 小匙

沙嗲醬材料

洋蔥…半個
去膜熟花生…1 杯
薑…1 小段
大蒜…3 瓣
糖…1 大匙
鹽…1 小匙
紅辣椒…2 支
油…2 大匙

薑黃飯

白米…3 杯
薑黃粉…1 小匙
蒜末…1 小匙
洋蔥末…3 小匙
橄欖油…1 大匙
鹽…1/2 小匙

作法

1　雞腿切適當塊狀，以醬油米酒醃至少2小時。

2　洋蔥切碎，入鍋以油炒成透明並轉呈棕色，和其他沙嗲醬材料以食物料理機打碎。

3　杏鮑菇切成和雞腿塊一樣大小備用，烤箱預熱至攝氏210度。

4　準備料理缽把醃過的雞塊、切好的杏鮑菇和沙嗲醬一起拌勻，再一串一串串好，烤盤鋪上烤焙紙，排進烤串，放進預熱好烤箱，以攝氏210度火力烤約12～15分鐘，查看肉熟了就可以取出。

5　白米洗淨瀝乾，起鍋倒入橄欖油，加進蒜末、洋蔥末以小火炒香，再放入白米拌炒，同時加進薑黃粉、鹽炒拌均勻，倒入電鍋內鍋並加入3杯水，煮成薑黃飯。

T·I·P·S

沒有烤箱的讀者，可以把烤串放進不沾平底鍋煎熟即可，肉的部分也可以選用雞胸肉、裡脊肉等，蔬菜可以依季節搭配。若是有現成的花生醬，可用以替代熟花生，把沙嗲醬的配方中糖減量或不放即可。

如果以鑄鐵鍋做薑黃飯，中火煮滾改小圓心火再煮6～7分鐘，熄火燜 15 分鐘。

沙嗲烤串＆蒜香薑黃飯

沙嗲是很受歡迎的東南亞美食，
不僅僅在夜市路邊攤，
餐廳甚至五星級飯店也很普遍，
幾串香噴噴的烤串，
配上米飯，黃瓜、生菜、荷包蛋，
就是平民飽足的一餐。
薑黃搭配炒香的蒜末做出的薑黃飯，營養滿分。

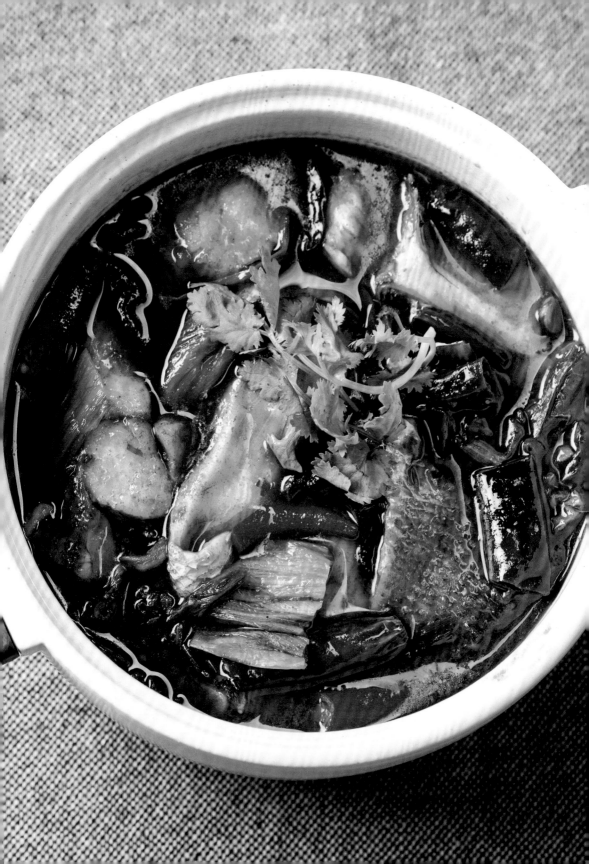

酸菜紅煮魚

在川菜館點一道水煮牛肉、水煮魚是常見菜色。有一次從女兒同學家的四川阿姨聊天中得知這一道水煮魚在四川的燒法，以草魚或當地常有的青波魚製作，並且要把魚肉片下來剃掉骨頭，以魚頭魚骨熬高湯來製作水煮魚。這些程序在台灣經過改良和簡化，做出了適合本地口味的川菜。現在我把自己的作法寫出來，加上客家酸菜的水煮魚，我喜歡把辣油撥開喝底下的湯，紅彤彤的香辣又過癮。

材料

鱸魚片或鯛魚片…600g

醃魚材料

鹽…1 小匙
米酒…1 大匙
片栗粉…少許

客家酸菜…100g
辣椒…2 支
乾辣椒…10 段
乾花椒…1 大匙
馬告…1 小匙
薑片…5 片
蒜…3 瓣
香菜…少許
辣豆瓣醬…1 1/2 大匙
鎮江陳醋…1 大匙
發好的川耳…1 杯
煮好的熟筍切片…150g
鹽…1 1/2 小匙
糖…1 大匙

作法

1 魚肉片成薄片，加入醃魚的鹽和米酒抓拌，再加入片栗粉拌勻，酸菜洗淨切小段備用。

2 起鍋熱油，中小火加進花椒及馬告略炒，香氣出來後撈除。鍋中維持4大匙油量，再入薑、拍碎的蒜、辣椒和乾辣椒炒香，推至鍋邊，下酸菜炒香。

3 同鍋找一個小空間炒香辣豆瓣醬，將所有鍋裡的材料混合拌炒後，加入4杯水煮至滾沸。

4 另起鍋，煮沸水，依次汆燙木耳及筍片，撈起鋪在鍋底。

5 作法3煮滾後以鹽、糖調味，加入魚片抖散，煮至再滾沸，點進陳醋，盛入備好的木耳、筍片鍋中，撒上香菜完成。

T·I·P·S

傳統的作法，材料中的乾辣椒是在最後另起油鍋炒香，淋在整鍋魚上，看起來上層有一層非常厚的紅油，我選擇的是比較清淡的作法，讀者可以自行斟酌。

一般餐廳在蔬菜選擇上多用芹菜及豆芽墊底，我覺得用筍片和川耳也非常協調，大家可以試試看。

福州紅糟雞湯 & 薑油麵線煎

紅糟料理是福州菜最重要的代表，
紅糟鰻、紅糟肉、紅糟雞湯、紅糟清蒸魚；
豐富的老酒香，醇厚卻不嗆，
這是從小陪伴我長大的美食記憶。
記得兒時過農曆年前，一年當中最冷的時候，
爸媽會在家裡蒸糯米，混合紅麴和白殼，
入缸做青紅酒，酒缸就放在樓梯轉角下方，
每次打開攪拌的時候，家裡充滿濃濃的酒香。
熟成的時候，把滋補的青紅酒舀出裝瓶，
剩下的缸底酒粕擠乾後；就是做菜用的紅糟。
我喜歡跟在廚房幫忙，現在各色紅糟的菜色，在腦子裡明白清楚。
這一道福州紅糟雞湯，更是我認為的最經典；很高興可以在這裡，
分享家鄉的味道！

福州紅糟雞湯

材料

仿土雞腿…2 隻
紅糟…1/2 杯
紹興酒或黃酒…4 大匙
魚露…3 大匙
鹽…少許
老薑拇指粗…1 根
水…3000cc

作法

1　土雞腿請肉販剁塊，清洗乾淨。老薑去皮拍碎。

2　起鍋入油，放進薑和土雞腿翻炒，直到雞肉轉為白色，把食材往鍋緣撥開，利用鍋中餘油（如不足再添加）炒香紅糟，接著把所有鍋中食材翻炒均勻。

3　添入清水，以中火煮滾，轉中小火續煮20分鐘。

4　以魚露調味，再度滾開，嚐試味道是否需再加鹽，最後倒進紹興酒再度煮滾就可熄火。

T·I·P·S

這鍋紅糟雞湯作法非常簡單，很滋補，家中有女初長成，經期喝暖暖、或是產婦坐月子（不加鹽），都非常適合，相較於麻油雞，沒有那麼的燥熱，媽媽們一定要學著做。

去了皮的薑比較不燥熱，炒紅糟的時候要以小火處理免得炒焦發苦。

食譜中的紅糟不是市售調過味的紅麴醬，是福州紅糟，如果買不到，可以用客家紅糟代替。

薑油麵線煎

材料

薑油…1 大匙
麵線…150g
蛋…1 個

作法

1 煮滾開水放進麵線煮開撈出。

2 平底鍋加入薑油,把麵線鋪平在油上,兩面煎香,倒入打散
的蛋汁,煎到蛋汁凝固,舀一些薑渣在蛋上就完成了。

T·I·P·S ————

選用良質的薑油來做麵線煎,微鹹的麵線夾著蛋香薑香,是傳
統難忘的好味道,搭配雞湯,冬天手腳馬上暖呼呼!

果漾軟絲

有人說，
越是稱為 fusion cuisine 的料理，越不好吃。
有時想想其中原因應該是印象中的食材、味道被顛覆了，
一時無法接受，我想海鮮和水果是搭得起來的，
所以出了這道菜。好不好吃？動手試試便知。

果漾軟絲

材料

軟絲⋯1 尾
（魷魚、透抽都可以）
牛番茄⋯1 個
芒果乾⋯30g
辣椒⋯2 支
大蒜末⋯1 小匙
薑末⋯1 小匙
茴香⋯4 株

調味料

鹽麴⋯1 小匙
白醋⋯1 大匙
糖⋯1 小匙
醬油⋯1 小匙

作法

1 牛番茄劃出十字，入沸水中燙2分鐘，取出撕除外皮，切成塊備用。

2 芒果乾切成3公分長，辣椒切片，茴香切2公分段。

3 把調味料一起拌勻備用。

4 軟絲洗淨，去除腸泥內臟，吸盤清洗乾淨，切成圈狀，入滾水汆燙八分熟撈出，瀝乾水分。

5 起鍋入油，加入蒜末及薑末、辣椒，入軟絲炒香。

6 放進番茄拌炒，調味。

7 加入芒果乾炒勻，最後加茴香略翻就可以起鍋。

T·I·P·S

鹽麴是近年很流行的健康調味料，之前除了到日系超商買，就是得自己動手做。現在市面上已經有廠商生產（我看到穀盛已有出品），更方便了。用以醃肉、煮湯、炒菜、做涼拌菜都非常甘美，是廚房必備品。

這道菜可以用其他果乾來變化，只要有酸味的都適合，如日本梅乾、鹹甜檸檬。冬季的茴香菜和海鮮非常對味，也可選擇韭菜來代替。

泡菜時蔬蝦鬆

材料

紅、黃椒…半個（大的）
洋蔥…半個
四季豆…10 根
杏鮑菇…1 支
結球萵苣…數片
韓國泡菜…半杯
白蝦…16 隻
玉米片…適量
醬油…1 大匙
鹽…1/2 小匙
薑末…1/2 小匙
糖…1 小匙
白胡椒粉…少許
米酒…1 大匙

作法

1 結球萵苣以小刀縱切四刀把蒂頭心取出，放在盆子中開啟水龍頭，水流向著挖出的缺口沖，如此可以輕易的把萵苣葉一片一片取下，以廚房剪刀把邊緣多餘的葉片修整一下。

2 剝蝦，剝好清洗乾淨用廚房紙巾充分吸乾蝦仁的水分，切成1公分的大丁狀，放在料理缽中，以少許鹽、白胡椒粉抓拌（食譜分量外）。

3 紅黃椒、洋蔥、四季豆、杏鮑菇切丁，韓國泡菜切末。

4 起油鍋，放入薑末炒香，加進蝦丁翻炒變紅色鏟出。

5 再加入少許油，先耐心炒香洋蔥，加入紅黃椒、四季豆、杏鮑菇翻炒，把蝦丁倒入，調味，加入醬油、鹽、糖、白胡椒粉和酒，最後下泡菜翻炒均勻就完成了。

6 盛盤撒上略壓碎的玉米脆片，趁熱包著萵苣葉享用。

T·I·P·S

我在準備拍攝這道食譜時在市場買到了紫甜椒，所以也加進去同炒，只要是不易出水的季節蔬菜都適合炒蝦鬆。注意處理蝦仁的時候保持蝦身的乾燥、蝦丁不要切得太小，才能使蝦粒有好的口感。為了吃得安心，買信用好的魚販攤上的鮮蝦自己親手剝蝦仁是比較保險的作法。如果喜歡泡菜味道重一些，可以取一匙泡菜汁代替部分醬油一起炒。

泡菜時蔬蝦鬆

老少咸宜的蝦鬆是餐桌上的長青美食，
在料理的時候注意控制食材不過度出水，
蝦粒爽脆，運用各個季節的蔬菜結合新鮮的海味，
色香味具備澎派上桌。

馨香燉時蔬

這是一道深受我的素食朋友歡迎的食譜，雖然是素菜，但是口感豐富，色香味俱全，除了白飯，可以變化搭配麵包、薄餅。

材料

洋蔥…1 顆（中型）
小番茄…20 顆
櫛瓜…2 支
四季豆…150g
杏鮑菇…2 支
茄子…2 支
栗子南瓜…1 顆（小型）
大蒜…2 瓣
薑…1 段（拇指長）
腰果…40g
原味優格…100cc
椰奶粉…3 大匙
芫荽籽粉…1/2 小匙
紅辣椒粉…2 小匙
咖哩粉…2 大匙
鹽…1 1/2 小匙
水…200cc
鹽…適量
黑胡椒粉…適量

作法

1 洋蔥切細絲，杏鮑菇切塊，四季豆切段，茄子剖為二切段，南瓜去囊切小塊，櫛瓜切段，大蒜去膜切末，薑拍碎。

2 起一乾鍋，維持小火，把腰果加入翻炒3分鐘取出備用。

3 準備攪拌機，倒入原味優格、椰奶粉、水200cc、一半的腰果攪打均勻。

4 起油鍋加入大蒜及薑炒香，放進洋蔥煸炒至透明，加入芫荽籽粉、紅辣椒粉、咖哩粉小火炒香，接著放進番茄，略壓拌炒。

5 把作法3倒入作法4中，加進南瓜、櫛瓜、杏鮑菇、剩餘的一半腰果，蓋上鍋蓋燉煮8到10分鐘，加入茄子及四季豆再度煮滾，視濃稠度可以酌添水分，以鹽和黑胡椒粉調味，就完成了。

T·I·P·S

蔬菜按照煮成適當口感所需的時間決定下鍋的順序，只要不易出水的蔬菜可依季節變化入菜。純素者不放洋蔥及大蒜。如果有現成的椰漿可以取代椰子粉。

最適合拿來燉蔬菜的器具是鑄鐵鍋，作法 4 處理完後就可以把食材改入鑄鐵鍋中燉煮，中小火偏小火即可烹煮得很順暢。

巴東牛肉（Beef Rendang）

過去持續有幾個年頭每年往峇里島跑，常去，越來越熟悉後，開始接觸一般平民百姓吃飯的餐廳，也發現很多有趣的美食和事物。最不能錯過的，是這一道巴東牛肉。在品嚐的當下，對於豐富的口感香氣印象深刻，也動著腦筋想去找答案。

有一年去峇里島，和自由行的司機互動很好，從他口中問出許多印尼代表菜餚的事，收穫良多，現在想起來，他無疑是一位老饕。

巴東是印尼蘇門答臘的一個城市，這道菜是當地一個高山族用以招待貴客的大菜，主婦有她最自豪自認最道地的作法，非常有趣。試了幾次，我捨棄省事的快鍋，以鑄鐵鍋燒出來的巴東牛肉，堪稱極品。

材料

牛腱切塊…1 台斤

香料 A
南薑…5 小片、大蒜…4 顆
紅蔥頭…5 瓣、薑…5 片
香茅…3 支

香料 B
肉桂…1 小段、八角…2 顆
丁香…5 粒、荳蔻…7 粒
小茴香…1 小匙、香茅…3 支

香料 C
芫荽籽粉、薑黃粉
茴香籽粉…各 1 小匙

青檸檬葉…3 片
羅望子醬調稀…3 大匙（或檸檬汁 2 大匙）
砂糖…1 大匙
黑胡椒粉…1 小匙
鹽…1 小匙
魚露…2 大匙
椰絲…1/4 杯
椰奶…1 罐（450cc）
水…150cc

作法

1 香料A中，香茅去掉外層硬皮切掉下段老莖切成小段，所有材料入食物攪拌機中打碎備用。

2 加熱鍋子，把香料C以小火乾炒至香氣飄出，鏟出備用。

3 起鍋入油，加入香料B略炒香後，倒進打碎的香料A，加入羅望子汁、香料C、青檸葉拌炒，放入切塊的牛腱，炒至牛肉表面變白。

4 將椰奶倒入，加上150cc的水，再加入魚露、鹽、糖、黑胡椒粉調味，以小火（鑄鐵鍋溫度高，火不需大）煮至湯汁將近收乾。

5 平底鍋以小火加熱，倒入椰絲炒香，加入牛肉鍋中炒勻。

6 當所有醬汁香料都巴附在肉上，鍋底只剩下透明的椰油，就完成了。

T·I·P·S
請大家不要被看來種類繁複的香料嚇到而卻步，跑一趟中藥材店都可以備齊。當您燒出這不可思議、一口接一口停不下來的好味，保證成就感十足！

我比較不建議用牛肋條燒，或者用牛腿肉應該也不錯。選擇有嚼勁的牛腱是最不失準的。

咖啡排骨

這一道初見讓人心裡充滿問號及好奇的咖啡排骨，在新加坡非常的流行，它不是只有噱頭而已，美味可口且獨特，一定會讓您的客人、家人感到新鮮，當然也更能感受您備菜的用心。

材料

豬肋排…500g
炒香白芝麻…1 大匙

醃料

蠔油…1 1/2 大匙
糖…1/2 小匙
鹽…1/2 小匙
蛋…1 個
麵粉…2 大匙
米酒…1 大匙

調味料

三合一即溶咖啡…20g（1 包）
即溶咖啡…1 小匙
糖…1 大匙
醬油…1 小匙
水…150cc

作法

1 豬肋排切成4～5公分段，以醃料醃隔夜或至少4小時。

2 起油鍋把豬肋排逐一放入，中火均勻炸熟撈出瀝乾油脂。

3 另起鍋加入清水略煮，放進即溶咖啡及三合一即溶咖粉炒拌至溶化，加入醬油、糖煮開，注意全程以小火操作。

4 放進炸好的豬肋排，翻炒均勻收汁，盛盤撒上白芝麻就完成。

T·I·P·S

豬肉一定要全熟才安全，所以炸的時候火不能大，維持中火適時翻面，才能避免外頭焦內部還見血；也不能炸久以免太乾影響口感。

炒咖啡醬汁時也要注意維持小火以免產生苦味，如果手邊有麥芽糖可以用以取代一般的糖，顏色更亮。

私房麻婆豆腐

我做麻婆豆腐，如果可能一定用牛絞肉來做。牛絞肉用油煏得酥香，再入郫縣辣豆瓣醬去燒豆腐，油亮鹹香卻不膩口，吃過之後會不時想念著……

材料

板豆腐…500g
牛絞肉末…100g
青蒜…1 支
豆豉切碎…1 大匙
薑末…1 小匙
蒜末…1 大匙
醬油…3 大匙
郫縣辣豆瓣醬…2 大匙
辣椒粉…1 小匙
花椒粒…1 大匙
片栗粉…1 大匙

作法

1 豆腐切成適當小方塊，入滾水中汆燙後撈出瀝乾。

2 起油鍋，放入牛絞肉煏炒，炒到牛絞肉酥香，鏟至一邊；改小火，加入花椒粒炒至香味出來後把花椒撈除。

3 入薑末、蒜末、郫縣辣豆瓣醬，以油煏炒，以去除生醬味，混入鍋旁的碎牛肉，加入醬油、辣椒粉、豆腐，補入足以蓋過豆腐的高湯或水，再以中火燒製，直至入味。

4 改大火，視水分狀況以片栗粉水勾芡，見湯汁濃稠油亮後起鍋盛盤，撒上切好的青蒜末即成。

T·I·P·S

這一款麻婆豆腐是偏四川外省味，我並沒有加入砂糖。讀者如果想加一些甜味可以隨意。豆腐汆燙過比較不會有生豆腥味，如果不在意，這個步驟跳過也無所謂啦。

雙漬紙包烤魚

台灣人喜歡在中秋節烤肉，澳洲人是每周烤肉，雪梨人家裡一定有至少一個大型烤肉架，從中午烤到太陽西下，聊天談笑，氣氛歡樂，是很典型的假日生活。這個紙包魚是我在雪梨居住的那段時間常常接觸到的。除了各色的肉品和香腸、蔬菜，人們把魚包在紙裡頭烤，簡單的調味保留汁液的鮮甜，不失為一個好作法。

材料

石斑魚…1 尾
剝皮辣椒…5 根
樹子…1 大匙
鹽…少許
黑胡椒粉…少許
茴香葉…2 支
剝皮辣椒及樹子醃汁…各 1 大匙
米酒或白酒…1 大匙
玄米油…2 大匙

作法

1 石斑魚拭乾水分，平均抹上鹽和胡椒粉，放在烘焙紙上。

2 剝皮辣椒切成約1.5cm段，連同醃製醬汁及白酒、樹子一起倒在魚身上。

3 把紙兩邊摺起，紙兩端在中心上方重疊摺好，上下兩端摺兩次，完整包住魚不要使水分流出來。

4 烤箱先預熱至攝氏170度，再將紙包魚放入烤10～12分鐘，再用筷子穿透不沾魚肉就ok。

5 茴香洗淨擦乾，取菜葉部分，鋪在烤好的魚肉上，平底鍋加熱玄米油，看到油紋時熄火，把油平均倒在茴香葉上，就完成這道紙包烤魚了。

T·I·P·S

利用甘美的樹子及剝皮辣椒醃汁調味的烤魚有鮮甜微辣的美味，也可以用鱈魚來做，用適合搭配海鮮的茴香葉取代傳統的蔥來增添香氣，加入適量的油脂讓魚肉更滑嫩。烤箱料理無油煙，媽媽們可以試試看。

霹靂烤腿翅

所謂的霹靂（peri peri），是酸酸辣辣的葡式醬汁，第一次接觸是在澳洲的 Nando's 餐廳，這家連鎖餐廳在全球許多大城市都有分店。說真的，我對這家餐廳的烤雞感覺很普通，完全是因為肉雞烤得乾乾的；或是肥肥的太油，很有一種 Junk food 的感覺。大概在半年前，有一次在 Costco 看到 Nando's 的專用辣醬，有一種見到老朋友的感覺，竟然衝動的下手把一大罐醬料買回。當然，回家之後也做了烤雞，至於口味，建議是自製醬汁最棒，也沒有食品添加物的顧慮。

選擇雞翅最上段的腿翅來製作，可以縮短烤製時間，醬料也容易入味，讀者看了材料卡可能嫌麻煩，但這烤雞霹靂銷魂，做過一次就會變成您唬人的拿手菜！

材料

雞腿翅…600g

霹靂烤醬材料

大蒜…3 瓣
檸檬…1 個
辣椒粉…1 大匙
匈牙利紅椒粉…1 大匙
Worcestershire 醬汁…1 大匙
新鮮或乾燥的巴西里葉、迷迭香葉或自己喜歡的香草…1 小撮
糖…1 大匙
白酒醋…2 大匙

塗烤雞材料

蜂蜜水…2 大匙
橄欖油…少許

醃腿翅材料

鹽…1 小匙
黑胡椒粉…1 小匙
橄欖油…少許

作法

1 腿翅以牙籤或叉子戳洞，以醃腿翅材料為牠抓馬一下，進冰箱至少醃6小時或隔夜。

2 檸檬取皮切成皮碎，果肉榨成汁。

3 所有烤醬材料放入食物料理機攪拌成醬汁。

4 腿翅進平底鍋煎成金黃色，均勻的拌入醬汁，排入烤盤中。

5 在腿翅上刷上或噴上一些橄欖油，覆蓋鋁箔紙，進預熱好的烤箱，以攝氏200度的火力烤20分鐘後，取出，在腿翅上刷上蜂蜜水，拿掉鋁箔紙再進烤箱，再烤8到10分鐘（觀察上色狀況決定是否改上火烤），美味的霹靂烤雞就完成啦！

T·I·P·S

傳統的 peri peri 烤雞，用的是 African birds eye chilli，在史高維爾辣度指標表裡，朝天椒的辣度只有它的 1/3，我做這道菜時，使用朝天椒辣椒粉，您可以選擇自己喜歡辣度的辣椒粉來製作。當然，冰箱裡準備的啤酒，此刻絕對是要角！

我來許個願，有朝一日飛到葡萄牙去，嚐嚐道地的葡式霹靂烤雞，到底滋味如何？

周末宵夜炸雞

對於一般家庭主婦來說,製作炸物會有處理餘油的困擾;不過炸物的可口,總會有偶爾解饞的欲望,周末宵夜,大家輕鬆一下,做一道讓家人吮指回味,具水準的炸雞。

材料

去骨雞腿…2 支

醃雞腿材料

鹽…1 小匙

黑胡椒…少許

米酒…1 大匙

蒜末…1 大匙

薑泥…1 小匙

炸粉

麵粉…半杯

日本太白粉…半杯(混合均勻)

炸雞醬汁

韓國辣麴醬…1 大匙

番茄醬…4 大匙

白醋…3 大匙

蜂蜜…2 大匙

醬油…1 大匙

韓國香油…1 1/2 大匙

糖…1 大匙

米酒…2 大匙

炒香白芝麻…1 大匙

蒜瓣(爆香用)…少許

作法

1　雞腿切成適口大小,以炸雞腿材料醃製隔夜或至少6小時。

2　醃好的雞腿肉蘸附上炸粉,靜置10分鐘,等雞腿反水充分吸附炸粉。

3　起油鍋加熱到約攝氏170度,此時投入一塊炸粉會立即浮上來就是油溫已經夠了,不需要一次起大鍋油,可以分批炸,不致耗費太多油;炸好的雞塊放在餐巾紙上吸去多餘油脂。

4　炸雞醬汁材料,除了香油及蒜瓣,全部放入大碗中攪拌均勻。

5　原鍋油全部倒出,入香油炒香蒜瓣,加入拌好的炸雞醬汁,放進雞塊翻炒均勻,盛盤撒上香香的白芝麻就完成了。

T·I·P·S

看到這裡大家是否發現,這其實就是韓國炸雞!在台北、在首爾的新村,我嚐過了韓國炸雞,回到廚房改良的版本。醬料厚重的料理,還是吃得出雞腿的香氣和 juicy,減低了甜味,比較適合台北人的口味啊!

每次做這道炸雞,會想到小時候媽媽的拿手菜:糖醋排骨。母親總會削一顆馬鈴薯,炸排骨之後,順便把切成條狀的馬鈴薯也炸熟,蘸附糖醋醬的炸薯條,風味不輸排骨,做韓國炸雞的時候,也可以如法炮製,自己炸的薯條,未曾經過前製加工,原味十足,嚐到真食物,太開心啊!

香料雞豆肉燥

這是一道異國風的料理，搭配薑黃飯、印度烤餅、筆管麵都很受歡迎。材料簡單營養豐富，另外煮一鍋湯就可以打發一餐，值得一試。

材料

豬絞肉⋯300g
番茄糊⋯1 罐（400g）
中型洋蔥⋯1 顆
鷹嘴豆⋯1 量米杯
薑黃粉⋯2 小匙
咖哩粉⋯2 小匙
黑胡椒粉⋯1 小匙
紅辣椒粉⋯1 1/2 小匙
鹽⋯少許
巴西利葉或香菜⋯少許
清水⋯1 杯

作法

1 鷹嘴豆浸泡隔夜，放電鍋加二倍高的水，外鍋1杯半水蒸至開關跳起燜15分鐘。

2 洋蔥切碎，熱鍋，乾鍋中小火把薑黃粉、咖哩粉煸炒過鏟出備用。

3 起油鍋加入洋蔥以中小火慢慢炒至透明變軟，放進絞肉炒鬆散。

4 放進炒好的香料拌勻，加入番茄糊、鷹嘴豆，注入清水1杯，煮至沸騰。

5 入黑胡椒粉、紅辣椒粉，加鹽調味。

6 大約煮10分鐘後，整個肉燥成糊狀，水分收得差不多了，撒上巴西利葉就完成了。

T·I·P·S

黑胡椒可以加強薑黃的功效，紅辣椒粉讓這道肉燥口感層次更豐富，建議不要略過。素食者可以以菇類及豆腐代替肉燥。鷹嘴豆的口感，點亮了整道菜。簡單受歡迎的料理，請您試試看。

檸檬味噌松阪豬&速拌萵苣

松阪豬就是豬頸肉，也有人稱「霜降豬肉」，
一隻豬身上只有左右邊兩小塊，
重量大約為 200 ～ 300 公克重，
油花分布均勻有如松阪牛肉，
煎熟後爽脆的口感非常特別，
料理美味的松阪豬，是餐桌上的大菜，
搭配酸辣的速拌萵苣，人間美味！

檸檬味噌松阪豬

材料

松阪豬…1 片
檸檬味噌…1 大匙
味醂…1 大匙
淡色醬油…1 小匙
米酒…1 小匙
黑胡椒粉…少許

作法

1 松阪豬仔細去除多餘過厚的油脂，抹上少許鹽、酒（材料分量外），不放油，入平底鍋中火兩面煎熟煎上色，倒出多餘油脂。

2 檸檬味噌、味醂、淡色醬油、米酒、黑胡椒粉拌勻，淋在松阪豬上 ，上下翻面讓醬汁吸附在肉的表層。

3 熄火取出斜切薄片排盤。

T·I·P·S

照片中的檸檬味噌是妹妹去日本旅行買回來送我的伴手禮。如果沒有現成的檸檬味噌，可以取檸檬半個，切少許檸檬皮屑，檸檬擠汁，加 2 小匙白味噌，1 小匙糖攪拌均勻就是自製檸檬味噌。

日本料理很喜歡以柑橘來做醬汁入菜，用意在於解膩，松阪豬不放油就可以煎出一堆油，搭配檸檬味噌卻是異常爽口。松阪豬不要煎過頭，如果沒把握就取一根筷子，插入肉中見透明肉汁流出就是熟了。

速拌萵苣

材料

萵苣⋯250g
蒜末⋯2 瓣
洋蔥⋯1/4 個
青蔥⋯1 支
韓國魚露⋯1 小匙
糖⋯1 小匙
醬油⋯1 大匙
白醋⋯1 大匙
韓國麻油⋯1 大匙
炒香白芝麻⋯1 小匙
韓國粗辣椒粉⋯2 大匙

作法

1 萵苣洗淨瀝乾水分，用手掰成二段，洋蔥切絲，青蔥切末。

2 取料理缽將蒜末、青蔥末、洋蔥絲、魚露、糖、醬油、白醋、麻油、白芝麻、辣椒粉充分拌勻成為醬汁。

3 加進萵苣拌勻，注意以挑拌的方式，避免把萵苣掐得塌塌碎碎的，盛盤即完成。

T·I·P·S

速拌萵苣我強烈建議讀者一定要搶先試做，簡簡單單不需等待就有一盤美麗的沙拉，美味指數破表絕對讓您眼睛一亮！當然拌其他可以做為沙拉的蔬菜效果也不錯的。

川辣乾煸四季豆

乾煸四季豆屬於川菜系，是否一定要是辣的看個人喜愛，可是川味的元素還是要具備。好吃的乾煸四季豆，豆Q不過乾，雖放了絞肉卻不油膩，爽口下飯，而且冷熱都好吃。

材料

四季豆…400g
絞肉…150g
辣椒…2支
蒜末…1小匙
榨菜…50g
青花椒…1大匙

調味料

醬油…1大匙
辣豆瓣醬…1 1/2小匙
糖…1小匙
米酒…1小匙
白胡椒粉…少許

作法

1 榨菜先切成細絲，改刀切末，嚐嚐如果太鹹，用冷開水泡一下瀝乾，還是要保有適當鹹度。辣椒切片備用。

2 取一個平底不沾鍋（或是用鑄鐵鍋），把洗淨的四季豆舖進鍋底，中火慢煸，翻面直到豆皮變皺，取出備用。

3 起中華鍋入油，先放青花椒，中小火煸香，把花椒撈除。

4 放進蒜末、辣椒、絞肉翻炒，把肉炒透直到沒有肉團並且開始出油。

5 肉撥到鍋邊，利用餘油炒香豆瓣醬，再和絞肉翻炒均勻。

6 加入四季豆、榨菜末翻炒，放進剩餘的調味料炒勻就可以盛盤。

T·I·P·S
青花椒可以用花椒油代替，吃素的朋友可把絞肉改為切碎的豆皮，一樣好吃下飯。以蓄熱功能好的鍋具取代高溫油炸，四季豆更清爽，效果一樣好，主婦處理上更方便。

小漁婦鮮餅

我有一位住在雲林麥寮的朋友，她的夫家從事無毒水產飼養，家裡長期向她訂購水產，鱸魚排、虱目魚柳、白蝦、斑節蝦、鰻魚、花枝，都是鮮甜不腥的好物，有時候她會幫我自由配，直到宅配到了，我才知道她湊了甚麼特別的漁獲給我，靈活運用，成了孩子最愛的海鮮煎餅。

材料

白蝦去殼取肉…250g
魚肉…250g
蛋…1 個
玉米粉…3 大匙
四季豆切碎…1/4 杯
魚露…1/2 小匙
紅咖哩…1 小匙
糖…1 小匙
米酒…1 小匙

酸甜黃瓜醬汁材料

小黃瓜…1 根（切薄片）
辣椒…5 支切片
白醋…1/2 杯
糖…1/2 杯
鹽…1 小匙

作法

1 魚肉、蝦、蛋、玉米粉、魚露、糖、米酒、紅咖哩放入食物料理機中攪拌均勻。

2 加進切碎的四季豆混合均勻，捏成扁平的圓餅。

3 將油燒熱，放入鮮餅油炸，兩面呈金黃色即可。

4 黃瓜醬汁中的白醋、糖、鹽均勻攪拌，加進黃瓜片及辣椒就是蘸食的酸甜黃瓜醬。

T·I·P·S

如有中卷也可以切碎一起做海鮮煎餅，玉米粉按照材料濃稠度做適當的增減，我偶會加入 1 小匙蘇打粉炸出比較有蓬鬆口感的鮮餅。

如果手邊有堅果，可以加入點綴，杏仁片非常合拍。

FB：小漁婦養生黑蜆。

辣拌什錦冬粉

我常常在聚會的時候出這一道菜,不管餐桌上有多少吸睛佳餚,這什錦冬粉還是最受歡迎。最妙的是,連不吃辣的朋友都敢吃,色彩繽紛,同時滿足視覺及味蕾。

材料

牛肉絲…200g
紅黃彩椒…各 1 顆(小型)
小黃瓜…2 支
乾香菇…4 片
木耳…2 朵
紅蘿蔔…小的 1 根
韓國冬粉…400g
蒜泥…1 大匙
鹽…適量
黑胡椒粉…適量
糖…適量

拌冬粉材料

韓國辣椒粉…3 大匙
淡色醬油…2 大匙
韓國拌飯辣醬…1 大匙
味醂…1 小匙
鹽…1/2 小匙
韓國麻油…3 大匙

醃肉材料

醬油…1 小匙
酒…1 小匙
黑胡椒粉…少許
番薯粉…1 小匙
水…1 小匙

作法

1 紅黃彩椒洗淨切成細條狀,乾香菇泡發切片,木耳切絲。起鍋入少許油拌炒,加適量鹽、黑胡椒粉調味盛出備用。

2 小黃瓜除去囊的部位,也切成細絲,以少許鹽、糖抓拌醃過去掉苦水備用。

3 紅蘿蔔以外鍋半杯水入電鍋蒸熟取出切成絲。

4 牛肉絲以醃料醃過,起鍋加少許油,把牛肉絲炒熟盛出。

5 再來就要煮冬粉了,煮的開水量要足以蓋過冬粉,水裡可以放入少許的鹽,按照包裝指示的時間煮熟,撈出後放在濾網裡以冷開水充分沖淨表面黏著的澱粉,瀝乾備用。

6 準備一個料理盆,放進冬粉,加入拌冬粉材料及蒜泥,充分抓拌均勻,試試味道,若不足再酌量添加。

7 把其餘材料加進盆中拌勻,如果太乾再酌量添加麻油。再選一個美麗的大盤子,佳餚便可上桌了。

T·I·P·S

這一道辣拌什錦冬粉的備料需要一點耐心,所有選擇的材料依照屬性來做前置處理,各別處理後再拌在一起是操作的重點。拌冬粉的辣椒粉分量要足,顏色才做得出來。備料可以在前一天完成放冰箱冷藏,但牛肉絲一定得現炒。吃素的朋友不放牛肉及蒜泥就可以享用。

材料的選擇沒有限制,菠菜、菇類、豆皮都可以採用,主婦可以任意變化料理。

馬告香乾肉絲

31
Sp cy food

這是大家熟悉的家常小炒，如果餐廳做得好，也可以是鎮店之寶。我
所住社區裡有家已營業二、三十年的老餐館，每到用餐時間人滿為
患，店裡的香干肉絲，數十年如一日，香香辣辣鑊氣十足，每張桌上
必定見到這一道菜。

雖然是一道簡單的菜，可以吃出廚師的功力。我在做這道菜時，一定
選用傳統的中華鐵鍋，大火快炒，趁熱上菜。

材料

五香豆乾…300g
肉絲…120g
青蔥…2 支
大蒜…2 瓣
紅辣椒…2 支
醬油…1 1/2 大匙
白胡椒粉…1/2 小匙
米酒…1 大匙
馬告…1 小撮

醃肉絲調味料

醬油…1 小匙
鹽…少許
紹興酒…1 小匙
番薯粉…1 小匙
水…1 小匙

作法

1　豆乾片薄，改刀切絲。

2　青蔥切段，紅辣椒切斜片，大蒜拍碎。

3　肉絲以調味料充分抓拌均勻備用。

4　取中華鐵鍋，倒入適量的油，油燒至七分熱
　　有油紋時，旋轉鍋子讓油佈滿鍋緣至七分
　　高，反覆這個動作3次，先充分潤鍋。

5　鍋中的油充分潤鍋後，維持中大火，放進肉
　　絲快速翻炒至絲絲分明，盛出備用。

6　原鍋再下少量的油，爆香蔥、蒜、馬告，放
　　入辣椒略炒；加進乾絲淋入醬油拌炒均勻。

7　加進肉絲一起翻炒，鍋邊嗆入酒，撒上白胡
　　椒粉拌炒均勻，熄火盛盤。

T·I·P·S

圖片裡的肉絲選用牛肉絲，豬肉絲、雞絲都可
以製作。

我曾有過用不沾鍋做這道菜的經驗，整個就是
不對勁，剛炒好的菜，完全沒有應有的溫度。
傳統的中華鍋，在處理這一道熱炒十分稱職，
只要把握潤鍋的技巧，肉絲絕對不沾。不希望
太辣可以後放辣椒，簡單的小品有時候比大菜
更受歡迎。

主食

一道色香味俱全的主食，
只要加個青菜或湯，全家飽足。
省時且沒有剩飯剩菜的困擾，
是家庭主婦最省事的方法。

乾爹炸醬麵

這一個食譜我已沿用十餘年，食譜的來由是我先生的乾爹。

乾爹是回教徒，不吃豬肉，我在他的廚房看他一絲不苟的製作炸醬，

頭上戴著穆斯林的小黑布帽。

這是過往的記憶，乾爹已經離世二十餘年了。

每次我做炸醬，就是一大鍋，分送眾姊妹，

順便附上 Q 彈的拉麵，受贈者很開心，說：好ㄟ，今晚免煮！

酸辣湯

酸辣湯是我很喜歡的湯品，
但是，每次喝到不夠酸、不夠辣、不夠燙、用料稀疏、勾芡過厚的酸辣湯，
就有一股強烈的「我自己回家做」的想法，
絕不容許不及格的酸辣湯，浪費我胃部的空間！一碗好喝的酸辣湯如何呈現？
把握一些簡單要領，就能風光登場！

乾爹炸醬麵

材料

牛絞肉…500g
洋蔥…1 個
里仁白豆乾…3 片
辣豆瓣醬…3 大匙
甜麵醬…2 大匙
醬油…3 大匙
糖…1 小匙
米酒…4 大匙
水…250cc
油…6 大匙
小黃瓜切絲…適量
拉麵…4 人份

作法

1 洋蔥去膜切絲改刀切末，豆乾片成薄片，切成小方丁。

2 鍋中熱油，放進洋蔥以中小火慢慢炒至透明，把絞肉放入炒至變白鬆散。

3 把所有材料撥到鍋邊，利用鍋中餘油把甜麵醬和辣豆瓣醬炒過，再混合炒勻。

4 放進糖和醬油、米酒，翻炒均勻，加入水，放進豆乾煮至滾沸，持續加熱至豆乾丁入味即可熄火。

5 起鍋將水煮沸，放入半小匙鹽，1小匙油（食譜分量外），下拉麵條煮熟盛入碗中。

6 舀進適量的炸醬，擺上小黃瓜絲就完成了。

T·I·P·S

這個食譜中油脂的量我已經減量，乾爹做的炸醬麵最大的特色是，油和料一樣多，做好的炸醬盛在大碗裡，上面覆著厚厚的約5公分高的油。記得問過乾爹，乾爹不疾不徐地把牛絞肉湔酥，很慎重的操作他專有的炸醬，他老人家很堅持的說，要有足夠的油拌麵才好吃。

充分的把絞肉炒鬆炒香才下其他調味料，炸醬就有美味的香氣。煮麵的水一定要夠寬，所以得注意使用的鍋子夠不夠大，鼓脹的麵條在不足的水中煮的黏糊糊的，口感大失分。

如果做的分量多，可以分裝冰到冷凍庫裡，要吃的時候裝小碗裡用電鍋蒸過，拌飯拌麵都可以，主婦忙碌時可以應急。

酸辣湯

材料

板豆腐…1 塊
鴨血…1 塊
金針菇…1 把
紅蘿蔔…1 根（小的）
肉絲…150g
木耳…2 片
蛋…1 個
香菜或蔥花…少許
白醋…半杯
糖…1 大匙
醬油…2 大匙
鹽…1 小匙
日本太白粉…2 小匙
白胡椒粉…適量
香油…少許

作法

1 板豆腐、鴨血切長絲，鴨血絲放入網篩把殘屑沖淨。

2 紅蘿蔔削去皮，進電鍋以半杯水蒸熟取出切絲。

3 金針菇洗淨切段，木耳切絲，肉絲以少許太白粉抓拌。

4 準備湯鍋，加入2500cc水，把板豆腐、鴨血、紅蘿蔔、金針菇、木耳下鍋煮至滾沸。

5 加入肉絲拌開，調味，加醬油、鹽、糖、醋。

6 蛋打散，太白粉加水勾入薄芡，把蛋液加入拌開。

7 撒上足夠的白胡椒粉，完成，吃的時候加上香油及香菜或蔥花。

T·I·P·S

適量的加入糖，可以為簡單調味的酸辣湯提味，紅蘿蔔先蒸過，這個湯幾分鐘就可以做好。如果特別愛酸，醋可以在喝的時候倒在空的湯碗裡，再把熱湯倒入碗中，沒加熱的醋更酸。請大家試試這一碗，非常非常簡單的，酸辣湯！

炒碼年糕

炒碼據說是中國人的原創，就是把各種材料各自抓一些，現炒，下湯，滾沸後淋（碼）在煮好的麵或飯上，台北在韓國餐廳或山東餐廳可以吃到，這次和蘇菲小姐去首爾，有一餐也點了一道炒碼麵，很有趣的是湯裡有麵也有年糕，甚至還可以加餃子，這又再度讓我有吃飽再說、精緻不重要的那種偏見。女兒說，不會啊，這樣配也滿搭的！後來想想，日本不是也有漢堡麵包夾炒麵嗎？哈哈，不管怎麼配，吃的人開心就好。

材料

洋蔥…1/4 個
蝦…3 尾
花枝切片…小半碗
瘦肉片…3、5 片
新鮮香菇…2 個
紅蘿蔔絲…少許
蔥…1 支
韓國辣椒粉…1 小匙
韓國辣椒醬…1 小匙
醬油…1 大匙
燒酒…1 大匙
蒜末…1 大匙
切片辣椒…1 支
韓國年糕…150g
水…適量

作法

1 洋蔥切絲，香菇去蒂頭切片，蔥切段、蝦去殼留尾。

2 起一鍋熱油，加進洋蔥及紅蘿蔔絲、香菇，炒到洋蔥半透明，紅蘿蔔顏色出現，加進韓國辣椒醬、醬油、燒酒小火翻炒，注入適量水，煮滾。

3 放入海鮮及肉片，加辣椒粉煮滾就完成湯的部分。

4 同時燒水把年糕煮到自己喜歡的口感，盛入大碗中。

5 把熱湯碼進大碗中，撒上辣椒片和切好的蔥段，點上蒜末趁熱享用。

T·I·P·S

炒碼的材料，沒有一定的規矩，主要新鮮，葷素皆可，辣味可以自行斟酌，食譜中用韓國辣椒粉是取其鮮紅的顏色，辣椒醬讓湯頭濃郁。香菇也可以用杏鮑菇或金針菇代替，蒜末則是使湯頭加分不可少的祕密武器。

美式什錦燉飯 Jambalaya

Jambalaya，源自西班牙的美國路易斯安那州燉飯，主要材料常見的是臘腸、火腿、雞肉、海鮮，芹菜和蔬菜、香料等等。做菜的時候翻出小野麗莎的 Jambalaya 播放，心情不禁跟著律動起來，好吃的西班牙辣味香腸什錦燉飯，一鍋到底，營養滿分。

材料

西班牙辣味香腸
Andouille Sausage…2 支
洋蔥…1 個
青椒、紅椒中型…1 個
西洋芹莖…2 支
蒜末…1 小匙
綜合香草…1 1/2 小匙
月桂葉…2 片
切塊番茄罐（400g）…1 罐
高湯或水…2 杯
白米…1 1/2 杯
鹽及現磨黑胡椒粉…適量
辣椒粉…2 小匙

作法

1 洋蔥、青椒、紅椒、西洋芹切成丁狀，香腸切片。

2 取一鑄鐵鍋，倒入橄欖油，把香腸放入煎香後取出。

3 原鍋炒香洋蔥及其餘蔬菜，加鹽和黑胡椒粉調味，入蒜末及香草、撕開的月桂葉炒勻。

4 加入洗淨瀝乾的米及高湯、整罐的番茄粒煮滾，改小火煮10分鐘。

5 開蓋檢查，此時米心尚未完全熟透，大約八分熟，把煎好的香腸放進去拌勻，試試看鹹味是否足夠，加進辣椒粉拌勻，熄火上蓋燜5分鐘。

6 5分鐘後米心已熟透，但是飯粒不發脹，請趁熱享用。

T·I·P·S

用鑄鐵鍋來處理這道料理真是非常的有效率，請注意在作法 4 這個步驟中要開蓋略翻一下底部的飯及材料以免黏鍋底。照片的米粒稍微呈現發脹，就是鑄鐵鍋的保溫效果和等待攝影時間所致。理想的 Jambalaya 狀態比西班牙燉飯湯汁略多，但是米粒不發脹。選用台灣的台粳九號米即可，不需要特意去買昂貴的進口米，效果還是很棒的。

清邁米粉湯

曾經有幾年，泰國曼谷是我休假必去放鬆的城市。吃過幾次路邊攤的米粉湯，腸胃都沒事，但是實在沒有勇氣嚐試水上市場的米粉湯，想想在小小的一艘船上，天氣那麼熱，沒有冷藏設備；另外，麵碗怎麼清洗呢？（難不成用河水洗？）

最近一次往泰國跑是到北邊的城市清邁去，光是飯店早餐的米粉湯就讓我愛不釋口。在清邁吃的米粉湯，不光是滋味好的高湯，湯頭還多了一股清香，依循這樣的口感，和大家分享我的米粉湯食譜。

材料

雞骨架…3 副
帶皮雞胸肉…1 副
魚丸…數顆
魚豆腐（或甜不辣）…數片
綠豆芽…1 把
米粉…適量
香茅…2 支
檸檬葉…6 片
大蒜…2 瓣
魚露…適量
米酒…1 大匙
紹興酒…3 大匙
炸好的紅蔥…適量
香菜…適量
萊姆…1 顆
炒香去膜的熟花生…適量（壓碎）
粗辣椒粉…適量

辣椒水

綠或紅辣椒…5 支（切片）
冷開水…2 大匙
糖…1 小匙
魚露…1 大匙
白醋…5 大匙

作法

1 雞骨架一副剖為兩半，可請商家代勞。起鍋水煮滾，放進骨架燙出浮沫，把雞骨架沖乾淨，另起鑄鐵鍋放入約3000cc清水，排入雞骨架，倒入3大匙紹興酒，把香茅頭略拍，2支打成一個結放進湯中，檸檬葉洗淨略剝碎也放入，上蓋子中小火煮滾後，續煮20分鐘，就完成高湯部分。

2 帶皮雞胸肉放在深盤中，加入1大匙魚露、1大匙米酒、拍碎的2瓣大蒜，入電鍋，外鍋倒入7分滿杯水蒸熟，取出撕掉雞皮，把雞胸肉拆成粗絲，盤中蒸出的肉汁倒回高湯中，嚐試高湯鹹淡，加適量魚露調味，再度開火以文火維持滾沸，把魚丸放入同煮。

3 燒開一鍋水，放豆芽及魚豆腐汆燙撈出備用，下米粉煮至適當的軟硬度，取麵碗盛入米粉，排上豆芽菜及魚豆腐、雞肉絲，舀入高湯，加上魚丸，點上適量紅蔥酥、香菜，1小塊萊姆，米粉湯完成。

T·I·P·S

泰國人吃米粉湯一定有四種佐料，白糖、魚露辣椒水、粗辣椒粉、碎花生，我曾好幾次眼睜睜看到當地人舀一大匙白糖進米粉湯裡吃。我自己最愛辣椒水，和少許辣椒粉一起吃真是酸辣過癮。

雞胸肉連皮一起蒸會比較嫩，也可以用燙熟的豬裡脊肉切片代替，有時可見加入豬血塊的，也有加油豆腐包的，反正就是平民美食，一吃難忘。

蘆筍鯷魚義大利麵

鯷魚（Anchovy）是地中海料理中常見的食材，地中海的居民把大量捕撈到的鯡魚去掉內臟以鹽醃製，用法式油封的手法以橄欖油保存，香味鮮味都大大提升。加有鯷魚的凱薩沙拉最經典，小小的角色讓美味大躍進，真是迷人。

蘆筍（Asparagus），我非常喜歡的一種蔬菜，去燥、養生、防癌，更有很好的營養成分，非常適合有三高的朋友攝取。

材料

油漬鯷魚⋯6 條
蘆筍⋯200g
紅辣椒⋯2 支
大蒜⋯3 瓣
Extra Virgin 橄欖油⋯2 大匙
義大利麵條（Spaghetti）⋯200g（2 人份）
鹽⋯少許
黑胡椒粉⋯少許

作法

1 蘆筍洗淨，以小刀去掉底段外皮，並去除底部一段木質化的老莖，切成斜段，鯷魚切碎備用。

2 大蒜和辣椒切片。

3 燒一鍋水，水滾加少許油及鹽，入蘆筍汆燙撈出瀝乾。

4 同一鍋水煮麵，按照產品包裝上說明的時間將麵煮好撈出。

5 起一平底鍋，入2大匙EV橄欖油，加進蒜片煸炒，見蒜邊微黃焦，加入辣椒、鯷魚碎拌炒。

6 加入義大利麵、蘆筍，以鹽和黑胡椒粉調味，此時如果覺得太乾，可以加一些煮麵水拌炒，盛盤完成。

T·I·P·S

運用品質好的橄欖油，就算是材料只有大蒜和辣椒的義大利麵也是風味十足，家中備有一瓶特級的進口橄欖油，在做義大利菜、沙拉、麵包時都很好用。

用橄欖油炒義大利麵在我家常常登場，把蒜片或洋蔥煸炒香，不管用雞肉、海鮮、時蔬，甚麼材料都好吃，有別於把麵煮好淋上醬汁的一般吃法，清爽且更有變化。

南洋叻沙（Laksa）

叻沙（Laksa）是星馬非常普遍的平民美食，不管大飯店路邊攤，都少不了這一碗。通常叻沙分為二種口味，酸辣叻沙（Asam Laksa）及咖哩叻沙（Curry Laksa），兩種都深得我心，不過大家對於咖哩叻沙的印象相對深刻。記得從前到吉隆坡出差時，最愛到地鐵站下商店街一家小店吃咖哩叻沙，這家店只有幾張簡單的桌子，叻沙卻是好吃得難忘。市面上有售現成的叻沙醬，大賣場上品牌也不少，仔細看看內容物的標示，我還是決定回家自己做。在這裡記錄自己在廚房做出來的咖哩叻沙，喜歡南洋風味料理的讀者可以動手試試它的美味。

材料

白蝦或草蝦…12 尾
油炸豆腐包…10 個
魚丸…8 粒
水煮蛋…2 個
豆芽菜…適量
椰漿…1 罐（450cc）
香茅…2 支
檸檬葉…5 片
福建麵…4 人份
油…1 大匙
水…1500CC
參巴醬…3 大匙
（作法請見 P.13）

作法

1　白蝦去頭去殼只留尾部的殼，起鍋入1大匙油，放入蝦殼蝦頭以小火炒香，加入適量的水煮至滾沸後，將蝦殼撈除。

2　3大匙的參巴醬放入湯中，加入拍過的2支香茅及檸檬葉，倒入椰漿煮滾後，兌入足夠的水；放進魚丸及切半的炸豆包再度煮至滾沸，此時可以試試湯的鹹淡，不夠鹹就酌添魚露或鹽。

3　把蝦放在網杓中，進入湯汁中煮熟拿出備用。

4　另起一鍋清水煮沸，豆芽燙過瀝乾水分。放進福建麵煮軟。

5　把麵盛入碗中，注入叻沙湯，加進魚丸、豆包、蝦、豆芽菜及半個水煮蛋，舀進1匙香辣的參巴醬（食譜分量外），美麗可口的叻沙米粉就完成了。

T·I·P·S

叻沙搭配粗米粉在星馬也很常見，請大家動手試試看，在家裡也可以吃到很道地、讓人心滿意足的叻沙。

首爾大醬牛肉麵

今年的首爾自由行，好好的探訪了出發前研究好的美食口袋名單，這本食譜的撰寫正在進行中，選擇以這一道大醬牛肉麵代替本來要寫的台灣牛肉麵。這一個有著濃濃韓國媽媽味的家庭食譜，相信也會讓家人大呼過癮。

材料

帶骨牛肋排…2～3支
（約600g）
洋蔥…1顆（中型）
薑…4片
大蒜…5瓣
韓國大醬…3大匙
韓國辣椒醬…3大匙
紅辣椒粉…1大匙
鹽…少許
燒酒…1杯
拉麵…適量
乾香菇…3朵
豆芽菜…適量
蒜泥…適量
水煮蛋…1個
韭菜段…適量
海帶芽…少許
季節葉菜…適量
高湯或水…適量
糖…少許

作法

1 洋蔥切絲，大蒜拍碎備用。

2 牛肋排以鑄鐵鍋雙面煎過，呈現赤棕色後取出。原鍋利用煎牛肉滲出的牛油，加入洋蔥、薑片、拍碎的大蒜以小火慢慢炒成焦糖色。

3 加入大醬、辣椒醬、辣椒粉炒拌均勻，倒入1杯燒酒，放進牛肋排，注入適量高湯或水蓋過食材，鑄鐵鍋燒1個小時（快鍋等汽笛響後改小火，續煮15分鐘熄火）。

4 乾香菇泡發，以少許糖、醬油（食譜分量外）蒸過，切片備用。

5 把牛肋排取出去骨，拆成一塊一塊的肉，高湯濾出煮過的殘渣，牛肉湯再次煮沸，此時可以試試味道，用少許鹽調味。

6 起一鍋清水煮滾，加入少許鹽，放入拉麵煮到適合的口感，撈出置於麵碗中。

7 鋪上豆芽菜、韭菜段、淋入滾沸的牛肉湯，放上牛肉、水煮蛋、切片的香菇、海帶芽、燙過的葉菜，再點上一小匙蒜泥就完成了。

T·I·P·S

在韓國旅行的時候，感覺韓國是喜歡吃牛肉的民族，傳統市場裡賣牛肉的攤子非常普遍，牛肉部位種類選擇也多。我做這道牛肉湯時會選擇好市多的戰斧牛排或到濱江市場買新鮮帶骨的台灣牛肋排，準備新鮮的牛肉是做出好吃牛肉湯的關鍵。高湯的部分，可以以清水代替，如果不怕麻煩，可以準備半斤的牛骨，搭配4000cc的水，加上半杯量的丁香魚（或韓國乾鯷魚），用快鍋燉40分鐘，就有鮮美的高湯。

煮拉麵的水要寬，分量夠多的水才不至讓拉麵口感黏糊，這也是很重要的基本功。牛肉先煎過引出蛋白質的焦糖香，洋蔥慢火炒過，都是讓大醬湯鮮美的要訣。

牛肉麵上的點綴材料可以隨季節隨心所欲的添加，山芹菜、山茼蒿、芝麻葉、蘿蔔葉等有香氣的蔬菜也非常合適。

趕緊動手體驗不一樣的牛肉麵吧！

墨西哥 Quesadillas

Quesadillas，墨西哥發音是夸莎迪亞，L 不發音，
這是女兒很喜歡的料理，準備起來簡單輕鬆，
在我家餐桌非常常見，餡料的選擇隨自己的方便，
也可以加入季節的蔬菜，
是一道富變化且深受歡迎的料理。

墨西哥 Quesadillas

材料（2份）

墨西哥薄餅 torillas…4 片
雞胸肉…半副
墨西哥香料…1/2 小匙
鹽和黑胡椒粉…適量
伍斯特辣醬油…1 大匙
洋蔥…1/2 個
牛番茄…1 個
墨西哥酸黃瓜切碎…2 大匙
墨西哥辣椒切碎…1 大匙
起司片…6 片
切達起司 cheddar…1 杯

作法

1　先處理雞胸肉，把雞胸肉片成約1公分厚的薄片，取一個調理碗，放入切片雞胸肉，加進墨西哥香料、辣醬油、少許鹽及黑胡椒粉，抓拌均勻，醃製2小時。

2　洋蔥切細絲，放進冷開水中浸泡10分鐘取出瀝乾，改切成末。

3　牛番茄切開，取出多餘的囊後切約1公分小方塊。

4　平底鍋加少許油，放進雞胸肉雙面煎熟。

5　取1片薄餅，鋪上3片起司片，可以把起司片撕開盡量鋪得均勻些。鋪上雞胸肉、洋蔥末、番茄粒、墨西哥酸黃瓜、墨西哥辣椒，最後鋪上半杯的切達起司，再覆上另1片薄餅。

6　把平底鍋加熱，放進薄餅雙面烙過，取出切片後盛盤享用。

T·I·P·S

Quesadillas 的內餡可以有很多變化，用鮪魚罐頭、蝦、培根、墨西哥腰豆、蘑菇、酪梨、鳳梨、菠菜、漬橄欖等等都可以採用，我甚至還吃過有放肉鬆、炒蛋的。把握一個原則，因為餅只是稍微烙一下，所以內部的食物以已經熟了的或是可以生食的為主。墨西哥薄餅可以在大賣場購得，大包裝可以分裝進冷凍保存。

越南三明治（Banh mi）

材料

法國麵包…1 條
洋蔥…半個
雞肝…300g
雞胸肉…半副
紅白蘿蔔絲…少許
黃瓜…1 根切片或切絲
芫荽…2 根
紅辣椒…1 支
糖…少許
鹽…少許
白醋…少許
魚露…1 大匙
米酒…1 大匙
大蒜…2 瓣
黑胡椒粉…少許

作法

1 雞胸放入蒸盤中，入米酒、魚露、拍碎大蒜，外鍋放半杯水蒸至開關跳起，取出拆成絲。

2 紅白蘿蔔絲以少許鹽抓拌出水，以少許開水沖一下瀝乾，加入糖及白醋醃拌入味。

3 洋蔥切絲，雞肝切片，起油鍋放入洋蔥炒香，加進雞肝炒熟，放進食物攪拌機，加入少許鹽及黑胡椒粉，打成泥，完成肝醬。

4 法國麵包噴少許水，放進預熱至攝氏150度的烤箱烤4分鐘，取出剖開不剖斷。

5 把肝醬抹上，放進蘿蔔絲、黃瓜片，雞絲，1根芫荽及少許辣椒片，就可以享用了。

T·I·P·S

越南麵包很簡單樸實，冰箱裡有吃不完的烤雞、滷肉、牛排，都可以加進去再變身為美味點心，我也曾吃過柬埔寨餐廳做的三明治，肝醬加入了炒香的紅蔥，味道更豐富，讀者可以自己發揮巧思來變化。

越南三明治（Banh mi）

動手寫這本書的時候，一直想著有個甚麼食譜漏掉了，就是越南三明治！住在雪梨的那一年，我最喜歡到 Bankstown 市集去，買一攤好味的越南三明治，再搭配一杯顏色繽紛椰香十足的摩摩喳喳，簡直是大確幸！貪心的我，會跟越南媽媽說：more chili please。吃到一半，嘴巴就噴火了，但還是停不下來。一口接一口狠狠地咬著，吃完整個三明治，嘴巴的上顎也磨破一層皮，但是美味的越南三明治，真是百吃不厭。越南曾被法國殖民過，越南三明治用的就是法國麵包，裡頭的餡，可以選越南精肉團、越南烤肉、雞絲，一定要有的是豬肝醬、酸甜的紅白蘿蔔絲及黃瓜絲，最後加上新鮮芫荽和切片生辣椒，夾起來吃。

在大賣場看過罐頭的豬肝醬，可是自己做的大大勝出，一次多些冷凍分裝，要吃的前一天轉至冷藏室，方便取用，美味不變。

XO 醬公仔麵隨意炒

每次到香港，燒臘、大排檔、夜市是必定行程，對我來說，比到茶餐廳飲茶更重要。初次到訪香江，嚐了夜市的炒公仔麵，配上魚旦湯，耶誕節前夕，站在街頭的冷風中，滿足地吃著平民美食，太幸福了。

材料

韭黃⋯4 支
叉燒肉⋯1 小塊
甜紅椒⋯少許
四季豆⋯少許
木耳⋯1 片
蛋⋯1 個
蔥⋯1 支
大蒜⋯2 瓣
XO 醬⋯2 大匙（作法請見 P.15）
醬油⋯1 大匙
白胡椒粉⋯少許
泡麵⋯2 包

作法

1 韭黃切段，叉燒肉切片，紅椒、四季豆、木耳切絲，蛋打散，蔥切段，大蒜拍過去膜。

2 水煮滾，加入泡麵煮到適當的軟硬口感。

3 起油鍋，把蛋先煎香取出，入大蒜、蔥段炒香，加入甜紅椒、四季豆、木耳翻炒，放進叉燒肉、2 大匙的XO醬，以醬油調味，蛋加入炒勻。

4 把煮好的泡麵加入炒鍋中炒勻，最後加進韭黃段，撒上白胡椒粉就完成了。

T·I·P·S

這道港味十足十分簡單的炒泡麵，材料不拘，選擇非油炸的泡麵，比較健康且清爽。容易變軟的韭黃最後才下，也能保有清香。賢能的家庭主婦，櫥櫃常備一些泡麵，這道炒公仔麵用來清冰箱食材，孩子會非常捧場！

京水菜麻藥飯捲

在首爾的廣藏市場吃到大家說的必吃麻藥飯捲後，我第一個念頭就是回台北把它大改版，當然也要保留它的特點，特別香的韓國麻油味！

材料

紫洋蔥…半個
京水菜…少許
油漬鮪魚罐頭…1 罐
韓國辣椒醬…1 小匙
海苔…3 張
白飯或糙米飯…2 碗
韓國麻油…1 大匙
蒜末…1 小匙
白醋…1 大匙
糖…1 大匙
韓國麻油…少許
（刷在飯捲表面用）
炒香白芝麻…1 大匙

作法

1 洋蔥切粗末，以糖抓拌，加1大匙白醋醃製。

2 炒鍋入少許油，炒香蒜末，加入瀝乾油水的鮪魚、辣椒醬，拌炒均勻起鍋。

3 白飯拌入1大匙芝麻油及白芝麻。

4 取1張海苔，鋪上1/3的白飯，範圍是海苔的2/3，先鋪京水菜、再放上鮪魚、醃好除去水分的洋蔥末，把飯捲捲起。

5 海苔表面刷上少許麻油，切成適口大小，完成。

T·I·P·S

京水菜就是日本水菜，我認為做沙拉生吃比煮熟口感更為清爽，在台灣超市裡常常可看到。

韓國麻油是這個飯捲讓人印象深刻的要角，用本地的麻油，就是不搭界，現在在大型賣場都可以買得到韓國的麻油，很方便。

韓國飯捲的白飯，只以韓國麻油和芝麻拌過，有別於日本壽司的醋飯。

我常常在家裡做飯捲，小孩子很難抗拒它的美味，而且餡料可以隨心所欲的變化，用裡肌肉排切成絲搭配蔬菜、炒肉末、吃剩的鮭魚炒成鮭魚鬆，千變萬化的內餡。用不完的海苔紙，密封放在冰箱，使用時烤箱攝氏 50、60 度小火烘個 2 分鐘就可以操作了。

配菜

常常在冰箱裡準備幾盒可口下飯的小菜，
忙碌的時候餐桌上可以應急，
帶便當也下飯。
清冰箱時隨手的熱炒，
也可以變成餐桌上的亮點。

Happy hour 辣烤海苔堅果
& 義式醋漬橄欖

有些小酒館或餐廳，
會在傍晚的時間推出飲料和點心的特價時段，
吸引下班族，有個舒心放鬆的地方，
在國外非常常見。有時候出差旅遊下榻的飯店，
也有住客專屬的 happy hour，
每個飯店的特色小菜都不一樣，
的確是可以讓人充分放鬆的美好時刻。

義式醋漬橄欖

材料

綠橄欖…400g
新鮮的茴香…2 株
大蒜…2 瓣
薄荷葉…3 片
特級冷壓橄欖油…3 大匙
蘋果醋或白酒醋…4 大匙
切碎的辣椒…1 支

作法

1 橄欖瓶罐開蓋後，放進切片的大蒜和薄荷葉，上蓋放進冰箱冰二至三天。

2 取出醃了大蒜和薄荷葉的橄欖罐，夾出蒜片及薄荷葉，把橄欖瀝乾。

3 取料理碗，放入瀝乾的橄欖，加進橄欖油、蘋果醋、切碎的茴香、辣椒末拌勻，入冰箱冷藏入味後就可享用。

辣烤海苔堅果

材料

綜合堅果…2 杯
海苔…1 張
熟白芝麻…1 小匙
海鹽…1/2 小匙
薑黃粉…1/2 小匙
芝麻油…1 小匙
卡宴辣椒粉…1 小匙

作法

1 烤箱預熱至攝氏150度,放入海苔烤2分鐘,
拿出撕碎備用。

2 堅果和芝麻油、海鹽混合均勻,鋪在烤盤裡
烤5分鐘。

3 取出烤好的堅果,趁熱和海苔、辣椒粉、薑
黃粉充分拌均勻,撒上白芝麻就完成了。

T·I·P·S

自己在家裡想要有個 Happy hour,這樣的下酒、
茶水良伴應該比外頭的鹹酥雞健康,且不必出門,
無負擔的輕食,準備起來也很省事。也可以選用
手邊有的單一堅果,核桃或杏仁、胡桃,都很適
合,芝麻油則是韓國的最速配。最後還是要加警
語:飲酒過量有礙健康,開車不喝酒。

松柏長青

這一道菜在北方餐館常見到，很受歡迎的開胃小菜。只要掌握幾個製作重點，可以做出水準級的涼拌菜，成為餐桌上的亮點。

材料

大白菜⋯5～6片
蔥⋯2支
長的紅辣椒⋯2支
豆乾⋯4片
去皮香酥花生⋯1大匙
香菜⋯1株
蒜末⋯1/2小匙
鹽（殺青白菜用）⋯1/4小匙
紅油⋯1大匙
麻油⋯1小匙
鹽⋯1/4小匙
醋⋯1大匙
糖⋯1/2小匙

作法

1 香菜洗淨切小段，蔥切成細絲，辣椒切細絲，花生敲略碎備用。

2 豆乾切成細絲，以滾水汆燙一下，瀝乾備用。

3 白菜切除外圍的葉子部分，只取用梗子，切成細絲後以1/4小匙鹽抓拌略醃1～2分鐘，用冷開水沖去鹽分，充分瀝乾。

4 除了花生以外，所有材料和調味料抓拌均勻，盛盤後撒上花生碎就完成。

T·I·P·S

殺青白菜的時間不需要太久，保留白菜的脆度及透明感，主要在去除生苦味。這道涼拌菜最好要吃時現做，以免放久出水影響賣相。

芥末菜墩

芥末墩兒是北京常見小菜，冬天吃的厚重時用來去油解膩，非常爽口。小時候家裡常吃大白菜，尤其是冬天的時候，大白菜盛產最是甜美。這道小菜比較特別的是嗆口的芥末，還記得看媽媽調拌芥末，總會把它擱在溫暖的瓦斯爐邊，媽媽說這樣借助溫度味道更嗆。

材料

嫩的山東大白菜葉…12 片
黃芥末粉…4 大匙
溫開水…2 大匙
白糖…1 1/2 大匙
鹽…1/4 小匙
白醋…4 大匙
炒香的黑芝麻…1/2 小匙

作法

1 把菜葉洗淨，煮沸一鍋水，把菜葉放在漏勺中，維持位置在鍋子正上方，舀起熱水倒在白菜上，視狀況調整菜的位置讓熱水可以均勻地把菜澆軟，注意不要燙過頭，保持菜的脆度。

2 黃芥末粉用溫開水調開，加入白醋和糖、鹽，攪拌均勻。

3 把每一葉白菜蘸上糖醋芥末汁，捲起來排入保鮮盒中。

4 全部捲好排好後，把剩下的湯汁倒入，蓋上密封蓋放進冰箱，醃製約6小時以上入味。

5 取出菜捲，切成適口的小段，澆上少許湯汁，撒上炒香的黑芝麻就完成了。

T·I·P·S

做好的菜墩兒三天內食畢，芥末可以依照自己能接受的程度增減，年節的時候可以準備這一道菜，大魚大肉之中，肯定備受歡迎。

麻油辣蘿蔔

對於我來說，冰箱沒有一瓶麻油辣蘿蔔，就像蛋盒空了一樣，雖然不一定馬上要吃到，總覺得應該趕快補齊。有時候自己在家隨便吃，或是上課外食，要不就是公司伙食清淡，此時冰箱有這一罐蘿蔔乾，拿出來打開心情歡騰，吃遍山珍海味，簡單的古早味是最執著的念想。

材料

條狀蘿蔔乾…300g
香油…1 大匙
二砂…2 小匙
明德辣豆瓣醬…1 大匙

作法

1 蘿蔔乾洗淨，嚐一下鹹淡，太鹹就泡冷開水片刻，取出瀝乾，放在餐巾紙上徹底吸乾水分，或用電扇吹半小時。

2 取一個料理缽，放進乾的蘿蔔乾、香油、二砂、豆瓣醬，充分拌勻，裝進保鮮罐入冰箱。

T·I·P·S

簡單的麻油辣蘿蔔，小兵立大功。蘿蔔乾徹底乾燥，才不容易變質。如果喜歡辣味更重，可以加1大匙紅辣椒粉一起拌勻。

白花馬鈴薯

這一道菜是印度家庭的家常菜，
我在家裡常常做，
看起來簡簡單單但非常受歡迎，
帶便當也很適合，
經濟實惠。

白花馬鈴薯

材料

花椰菜…1 顆
馬鈴薯…1 個
咖哩粉…2 小匙
芫荽籽…1/2 小匙
鹽…適量
糖…適量
大蒜…2 瓣

作法

1 花椰菜洗淨切好，用滾水汆燙一下撈出瀝乾。

2 馬鈴薯去皮，切成適當的大小塊狀，放蒸盤上入電鍋外鍋1杯水蒸至熟透。

3 起鍋入油，放進芫荽籽及切片的大蒜煎出香氣，把馬鈴薯下鍋稍微煎至邊緣處呈焦黃色後，加入花椰菜一起翻炒。

4 加入咖哩粉，加一點水炒勻，入鹽調味，至湯汁稍乾便完成。

T·I·P·S

汆燙花椰菜，依照個人喜歡的口感決定時間的長短，喜歡辣味可以加入一些辣椒粉同炒。

香草蘑菇 Tapas

材料

新鮮蘑菇…6 朵

香草（羅勒、薄荷葉、巴西利）…適量

洋蔥…半個

蒜末…2 瓣

鹽及粗粒黑胡椒粉…少許

法國麵包…6 片

特級橄欖油…適量

匈牙利紅椒粉及卡宴紅辣椒粉…適量

作法

1 蘑菇洗淨擦乾，取下蒂頭，把蒂頭切成細末，洋蔥切末，香草切末。

2 平底鍋加入特級橄欖油，把蘑菇排進去煎，先煎一面，見上色後翻面，此時將蒜末一半的量放入一起煎香，取出蘑菇。

3 均勻地把鍋裡的蒜油塗在6片麵包上，擺上煎好的蘑菇。

4 原鍋再加少許橄欖油，把洋蔥、剩下的一半蒜末炒香及蘑菇蒂頭，香草，加進少許鹽和胡椒粉調味。

5 把作法4填入蘑菇蒂頭的空洞中，撒上匈牙利紅椒粉及卡宴紅辣椒粉，用叉子固定，就完成了。

T·I·P·S

當我把這盤 Tapas 端出來，客人異口同聲說，好大的蘑菇！料理的樂趣之一，就是選擇市場當季最新鮮便宜的產物，享受大地的恩賜，不需花大錢，就擁有簡單的幸福，大家心動了嗎？趕緊動手吧！

香草蘑菇 Tapas

Tapas，西班牙的餐前小吃，精彩極了讓人目不暇給，
油漬橄欖、乳酪盤、伊比利火腿、炸海鮮，說真的，
這些玲瑯滿目的美食雖名為小菜，
但是對我來說，不需主菜就很飽足。
西班牙 Tapas 多是以麵包墊底，上面有一口美味小菜。
我在傳統市場買到了碩大的蘑菇，
就搭配法棍和手邊的香草，做出這一個 Tapas。

絲絲相伴

知名的小籠包店必點的涼拌菜，每次點來都吃不夠，其實製作很簡單，把前置作業搞定，可以快速上桌。

材料

海帶絲…200g
豆芽…200g
粉絲…1 把
豆乾…5 片
辣椒切絲…1 根
蒜末…2 瓣
醬油膏…2 大匙
鹽…1/4 小匙
糖…1 小匙
烏醋…1 大匙
白醋…1 大匙
紅油…1 小匙
香油…少許

作法

1 粉絲以溫水浸泡10分鐘，豆乾片成三薄片切細絲，豆芽去根洗淨。

2 起鍋煮沸水，加一些鹽入鍋中（食譜分量外），把海帶絲放入煮7到10分鐘撈出，再陸續放入豆芽、豆乾、粉絲汆燙，材料瀝乾，粉絲以剪刀略剪短。

3 取一個料理盆，把所有調味料加入拌勻，放進四絲，充分攪拌均勻就完成了。

T·I·P·S

食安守則，請選購沒泡藥的安心豆芽，講究點可以把頭也摘除，就是銀芽，質感升級。海帶可以取家中的日高昆布來切絲，先把昆布擦乾淨，放進保鮮盒注入水進冰箱浸泡隔夜，取出昆布切絲就是海帶絲；浸汁可另做高湯用。

這一道拌菜要好吃涮嘴，醋一定要放夠（小籠包名店酸度並不明顯看個人喜好），所以我認為光是烏醋不夠給力，再加了 1 大匙白醋，酸度夠了，鹹味就可以不要下的那麼多，請自行斟酌。

紅醬焗烤茄

茄子、青椒、苦瓜等等,這些孩子根本不接受,甚至大人也不碰的蔬菜,有時候利用小創意,還是有機會翻身。我在居酒屋吃到這道焗烤,細心的主廚還剝去茄子的皮後烹調,細綿清爽,上桌後沒幾下就被挖光光,意猶未盡。

材料

日本圓茄…1 個
牛番茄…1 個
洋蔥…半顆
大蒜…1 瓣
罐頭番茄泥…200g
比薩起司…3/4 杯
鹽…1 小匙
黑胡椒粉…1 小匙
糖…1 小匙
巴西利末…少許

作法

1 牛番茄劃出十字,入沸水中2分鐘,取出去皮剖半,切成半圓片狀。

2 圓茄切成1公分厚薄片狀,洋蔥切成細絲,大蒜拍碎切末。

3 取一個平底鍋,淋一些橄欖油,排進圓茄片,兩面稍微煎一下。

4 另起鍋入油,放進蒜末、洋蔥絲炒香,加進罐頭番茄泥拌勻,加鹽、糖、黑胡椒粉調味。

5 取一焗烤盤,鋪上一層茄子、牛番茄,加入一層番茄泥,再一層茄子、牛番茄,上一層番茄泥。

6 最後撒上比薩起司,放進已經預熱至攝氏200度的烤箱,烤8分鐘,取出撒上巴西利末即可。

T·I·P·S

這個營養又討喜的食譜媽媽們一定要試試看,如果喜歡肉味,炒番茄泥時也可以加入焗香的培根,冰箱裡若有吃剩的義大利麵醬,可以用來取代番茄泥。

風味桂竹筍

每到四月,在市場會見到新鮮剛燙熟,殺青還是溫熱的桂竹筍。特殊的竹子香氣,把握短短二個多月產季,熱食冷吃都讚的好吃桂竹筍。

材料

桂竹筍⋯600g
辣豆瓣醬⋯2 大匙
辣椒⋯2 支
醬油⋯2 大匙
大蒜⋯3 瓣
糖⋯2 小匙
水⋯適量

作法

1 桂竹筍洗淨,檢查去除筍尖端老硬的部分,切成4、5公分的段,充分瀝乾水分。

2 大蒜拍碎,辣椒切片備用。

3 熱鍋,不放油,入桂竹筍段以中小火煸炒直至筍香氣飄出且乾燥,取出備用。

4 起油鍋,倒入足量的油,先入大蒜和辣椒略炒,加進辣豆瓣醬以小火炒香。

5 放入桂竹筍翻炒,加進醬油、糖調味,酌加少許水翻炒煮至入味,湯汁收到快乾就完成。

T·I·P·S

作法非常簡單,訣竅在於筍先乾煸過才會有十足的香氣,這個過程不能急,注意火候以免比較嫩的部位煸焦發苦。

辣豆瓣醬一定要炒過,生醬味去除香氣也炒出來,顏色更漂亮。喜歡辣的朋友,可以用朝天椒來代替一般辣椒。

桂竹筍的纖維比較粗,腸胃不好不要吃多,以免脹氣。

薑味漬瓜 & 蛋稀飯

最近幾年在網路上常常看到能幹的媽媽們自己做醬瓜的食譜，每個食譜都不太一樣，可是不管如何，做出來的醬瓜要脆口，口味則是因人而異。薑味漬瓜是我在日本超市試吃到的一樣小菜，它和一般日本的漬物味道比較不一樣，並非只有常見的酸和鹹，漬瓜加上薑絲的香氣，非常獨特。

在這裡，特別搭了一碗孩童時媽媽常做給我們吃的蛋稀飯，現在我在家也常做，蘇菲小姐非常喜歡，我想她也會把蛋稀飯帶入她將來的家庭中。

材料

小黃瓜⋯300g
嫩薑⋯2 片
醬油⋯80cc
味醂⋯50cc
白醋⋯50cc

蛋稀飯材料

室溫蛋⋯1 個
熱稀飯⋯1 碗公（約 450cc）
鹽⋯1/4 小匙

作法

1　小黃瓜洗淨，切成2公分的圓片，薑切成細絲。

2　醬油、味醂、白醋混合後煮滾，加入作法1拌勻再度煮滾續煮2分鐘，時間到立即以漏勺撈出，放在平盤上攤平，用電扇吹涼。

3　醬汁再度煮滾，倒入涼透的黃瓜、薑絲，再煮至滾沸，2分鐘後再撈出攤平吹涼。

4　醬汁和漬瓜都涼透了，再把醬瓜放回醬汁中，以保鮮盒密封，入冰箱2小時可食用。

5　大碗裡放入蛋，加鹽攪打均勻。稀飯煮好還是滾沸的狀態，舀入大碗中和蛋汁拌勻，完成蛋稀飯。

T·I·P·S

選購黃瓜不要挑太過粗的，製作過程中不要沾到油脂，取用時使用乾淨的筷子或湯匙，漬瓜在冰箱可保鮮一星期以上。

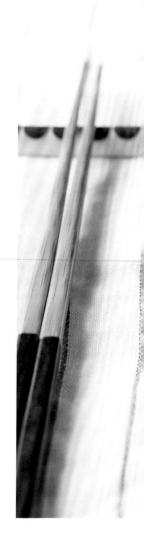

56
Spicy food

辣味椎茸佃煮

這個日本味的小菜應該很多讀者跟我一樣，一直都在日系百貨購買，配稀飯非常美味。這幾年自己會做，才知道成本真是非常低廉，作法又簡單，金針菇便宜的時候，一百塊可以做好幾罐，自用送禮都適宜。

材料

金針菇…400g
日高昆布…1 段
（約 10 公分）
乾香菇…2 朵（中型）
醬油…70cc
味醂…2 大匙
米酒…1 大匙
辣椒粉…1 小匙

作法

1　昆布用濕布擦過，泡水5小時，夏季請置冰箱。

2　香菇泡發，片成薄片再改刀切細絲，昆布也切成細絲，金針菇去根部以水沖淨，切成2段。

3　乾鍋入香菇煸炒至香氣出生，放進所有材料及調味料，中火煮開。

4　煮滾後金針菇會些微出水，改成中小火煮約10分鐘，已經入味了，此時可以試試味道，是否要再加鹹味。

5　味道調整好了以後，改中大火以木匙輕輕拌炒至湯汁收得差不多就完成了。

6　趁熱裝進消毒好的玻璃罐，蓋上蓋子倒放，涼透了就抽出真空，直接可以當伴手禮。如果是自用，等涼了裝保鮮盒，進冰箱一周內吃完。

T·I·P·S

金針菇（enoki）是很好的食材，除了可以提高免疫力，還對記憶力有幫助，但不能生吃，有腎臟病患者必須適量攝取。此外，跟大家分享金針菇的小名：See you soon mushroom，哈哈！

麻辣花生

這一款滷花生是我自己的私藏食譜，當初設計之始是把它做成素食，分享給吃素的朋友，竟然得到有「滷雞腳」香味的驚嘆。材料中的香料，讓人聯想到從前吃過的食物的味道，產生了滷雞腳的連結，真是非常的有趣。

材料

里仁花生…350g
里仁麻辣醬（或自製
椒麻紅油）…2 大匙
八角…1 顆
草果…1 顆
桂枝…1 段
醬油…4 大匙
鹽…1 小匙
植物油…1 小匙
糖…1 小匙
鹽…1/2 小匙
（泡花生用）

作法

1 花生洗淨，加入水蓋過花生，加進1/2小匙鹽，浸泡6小時，夏季請置冰箱。

2 取快鍋，放進花生，加入醬油、鹽、糖，草果拍破，和其他香料一起放入。

3 淋入1匙植物油，注入蓋過花生超過1公分的水，上蓋煮至排氣閥出聲後，改小火續煮10分鐘熄火，安全閥落下後才開蓋。

4 取出花生瀝乾水分，以炒鍋翻炒花生直至乾爽，加進麻辣醬再翻炒均勻，就完成了。

T·I·P·S

這一道麻辣花生看來並不是那麼起眼，但絕對讓大家驚豔，冷吃也可以，也是下酒小菜。選購花生一定要注意找有信用的商家，才能吃得安心。

沒有快鍋，可以利用電鍋，外鍋 2 杯水，試試看口感。個人比較喜歡還有一些硬度的口感，讀者可以根據自己的喜好選擇煮花生的時間長短。

泡花生時加少許鹽，可去除花生的微苦。

沖繩記憶 ゴーヤーチャンプル

日本沖繩縣是世界級的長壽之地，100歲以上人瑞高達八、九千人，沖繩山苦瓜的食用對沖繩當地人來說，就像日本人嗜吃味噌一樣的普遍。去沖繩旅遊，一定吃過什錦炒山苦瓜。把山苦瓜、豆腐、蛋、加上戰時美軍留下來的午餐肉，簡單家常。我在日本吃過店家以豬五花片代替午餐肉，對於不太吃加工食品的我來說，感覺健康多了。在此分享我自己在家做的版本，這個食譜也適合奶蛋素的讀者（不加柴魚片）。

材料

山苦瓜…1個
板豆腐…250g
雞蛋…1個
柴魚醬油…2大匙
鹽…1小匙（殺青苦瓜用）
鹽…1/2小匙
日式白芝麻油…1大匙
柴魚片…2大匙
七味唐辛子粉…少許

作法

1 山苦瓜剖半，以鐵湯匙刮去內膜，切成約0.7cm的厚度，放進乾淨塑膠袋中，加進1小匙鹽，均勻搖晃袋子，見苦瓜出水後，倒在網篩裡，以冷開水澆沖，瀝乾備用。

2 板豆腐放在盤子中，上覆一個盤子，壓出多餘水分，切成厚片。

3 蛋打散備用。

4 起鍋入油，先把豆腐排進去，兩面煎香後，加入苦瓜拌炒。

5 以柴魚醬油，鹽1/2小匙調味，加進打散的蛋略炒，點入白麻油，立即盛盤，撒上柴魚片及七味唐辛子粉。

T·I·P·S

蛋最後加入只要略炒就盛出，保持滑嫩的口感及蛋香。日式白芝麻油也可用香油代替。喜歡肉味可以在煎豆腐的時候，同時放進豬五花薄片一起煎，再入苦瓜炒。

其實我自己是一直到出社會後才接觸苦瓜，原因很簡單，我媽不吃苦瓜，家裡就用永遠沒有這一樣蔬菜，為家人準備均衡飲食的主婦，如果您喜歡烹飪且熱於學習，要一直不停嚐試新的食材，這是一件非常有趣的事。

胡麻豆腐

在大阪旅行的時候，隨興進到一家庭式小店用餐，套餐裡的一碟胡麻豆腐，以沙拉的方式呈現，又香又濃郁，立刻記錄回家試做，這道料理適合現做現吃。

材料

木棉豆腐…300g
鹽…1/2 小匙
胡麻醬…2 大匙
糖…少許
日式胡麻油…2 大匙
醬油…1 小匙
炒香白芝麻…1 小撮
小松菜…1 小把

作法

1　木棉豆腐放在網盆中，上面覆以重物把水分脫出。

2　小松菜洗淨切段，煮滾水撒一點鹽在鍋中，放進小松菜汆燙一下撈出，瀝乾水分，以醬油1小匙，胡麻油1大匙拌勻，靜候5分鐘讓它入味，再把菜充分的擠乾備用。

3　把胡麻醬、胡麻油1大匙、鹽1/2小匙、少許糖調勻。

4　另準備一個鋼盆，把豆腐稍微搓成小塊，倒入調好的胡麻醬汁，把作法2放進拌勻，即可盛盤，最後撒上白芝麻。

T·I·P·S

這道日本的家常菜通稱拌白玉，是很細緻可以吃出豆腐和胡麻香融合的家庭料理。日本味十足，四季皆宜，搭配的蔬菜選擇很多，記得把菜擠到最乾，否則上菜後出水風味賣相就差了。

泡椒海蜇木瓜絲

海蜇就是水母，低脂低膽固醇，富含膠質口感好，搭配蔬菜做成涼拌，是常見的作法。福州菜裡有一道炒雙脆，是一道考驗功力的熱炒，豬腰花和海蜇頭，炒得酸酸甜甜的。涼拌菜使用海蜇皮的部分，處理海蜇皮時要注意汆燙的水溫和時間，以免縮掉口感變硬，選擇不易出水的蔬菜並做好殺青處理，就可以做出風味足口感佳的涼拌菜。

材料

海蜇皮…1 張
青木瓜絲…250g
泡椒切圈…1 大匙
（作法請見 P.18 泡椒罐）
蒜泥…1 小匙

殺青青木瓜

鹽…1/2 小匙
糖…1 小匙

涼拌醬料

白醋…2 大匙
白糖…1 大匙
淡色醬油…1 大匙
魚露…1 小匙
香油…1 大匙
百香果粒…1 大匙

作法

1 海蜇皮洗淨，切成細絲，放在漏勺中，以攝氏55度熱水徹底沖過，再以冷開水沖淨徹底瀝乾。

2 青木瓜絲用鹽和糖抓拌，出水後擠乾備用。

3 切成圈的泡椒、蒜泥，混合涼拌醬料，放進料理碗中，加入海蜇絲和木瓜絲、百香果粒充分的拌勻。

4 盛盤上桌。

T·I·P·S

用自製的泡椒來拌這一道菜，有一股醃製的酸香氣。海蜇皮常見的處理是快速汆燙，但是很容易燙過頭縮掉，所以改用熱水沖的方法來保持好的口感，把所有的材料準備好，上桌前現拌，效果最好。

香椿百頁

香椿在每年的夏季秋初盛產，傳統市場可看到菜販一小把一小把的販售，醫學上報告香椿有好的抗癌效果，甚至比地瓜葉還有效很多。個人非常喜歡香椿的味道，就是一個很有深度的味道。新鮮的香椿嫩芽洗淨剁碎，以少許醬油膏、香油來拌皮蛋豆腐，簡單清爽。做成香椿醬或香椿辣椒醬，拌麵、炒飯、炒海鮮、蒸魚，甚至做蘸醬都好用。加熱過的香椿會變黑綠色，但不改其香氣美味。另外來提一下百頁豆腐，傳統的百頁豆腐，是以豆腐皮一片一片壓出來的，現在大多是以分離大豆蛋白，或是豆漿添加磷酸鈣改良做成。市面上很多百頁豆腐加了調味或各色添加物，含鈉量很高，買的時候要慎選商家。

材料

香椿辣椒醬…1 大匙（作法請見 P.16）
百頁豆腐…2 條
甜豆筴…10 個
醬油…1 小匙
鹽…1/2 小匙
白胡椒粉…1/4 小匙

作法

1 百頁豆腐切成寬片段，起鍋注入油，放進豆腐耐心的四面煎過。

2 此時加入香椿醬翻炒，放進搭配的甜豆筴，放鹽、醬油、白胡椒粉調味，拌至乾爽就可盛盤。

T·I·P·S

這一道素料理，是市場的素菜小攤大姊的菜色之一。我一吃就愛上，又香又下飯，仔細看看，百頁豆腐表皮皺巴巴的，煎過的百頁豆腐更能吸附香椿的味道，真是高招！

怪味涼粉拍黃瓜

利用怪味醬可以做出很多變化的小菜，怪味雞、怪味川耳、夫妻肺片，還可以拌抄手、四川酸辣米線，喜歡川味的朋友一定要試。

這一道怪味涼粉拍黃瓜，製作簡單，用自製的涼粉皮，沒有染色及其他添加物，吃來安心，隨時想吃都可以，也不擔心季節不對市場買不到粉皮。

材料

涼粉材料
綠豆澱粉…50g
冷開水…60cc
清水…300cc

拍黃瓜材料
蒜味花生…2 大匙
怪味醬…1 大匙
（作法請見 P.14）
蒜頭…1 瓣
小黃瓜…3 根
醬油…1 大匙
烏醋…1 小匙
白醋…1 小匙
糖…1 小匙
香油…1 大匙
香菜…少許

涼粉作法

1 綠豆澱粉和冷開水混合均勻，成為粉漿水。

2 清水300cc煮沸，改小火，一邊倒入粉漿水，一邊攪拌，直到成糊變透明狀（這個過程變化非常快，火候要小），立即離火。

3 淺盤鋪上保鮮膜，把粉糊倒入攤平，上面再覆上一張保鮮膜，再度把粉糊撫平。過程請用飯匙或湯瓢，小心粉糊很燙。

4 等到涼透了就連同保鮮膜捲起或摺起，放冰箱保存，兩天內吃完。

拍黃瓜作法

1 粉皮切成適當的條狀或塊狀。

2 小黃瓜用刀背拍扁切4公分長段，放在料理缽中以少許鹽抓拌出水，用冷開水沖去多餘鹽分充分瀝乾。

3 蒜頭切碎，怪味醬、醬油、烏醋、白醋、糖，在小碗中拌勻。

4 小黃瓜連同粉皮以醬汁拌勻，撒上壓碎的花生和切段的香菜，淋上香油就完成了。

T·I·P·S
綠豆澱粉在一般的食品材料行或烘焙店都買得到，自己做涼粉皮，口感足以媲美市售成品，成就感、樂趣十足；簡單的涼拌菜，卻是餐桌上最搶手的佳餚。

龍鬚蒼蠅頭

龍鬚菜就是佛手瓜的莖芽,我自己非常喜歡的一種蔬菜,只要清燙,和少許嫩薑絲,拌上少許鹽、加上一匙上好的里仁薑油,就讓茹素的善友讚歎不已!這一道龍鬚蒼蠅頭,並沒有加入一般常見的絞肉,但完全不影響它的亮眼,香辣爽口,很快就將盤底朝天。

材料

龍鬚菜…1 把(約 350 ~ 400g)
溼豆豉…1 大匙
蘿蔔乾…50g
辣椒…3 支
大蒜…2 瓣
枸杞…1 大匙
紹興酒…1 大匙
鹽…1/2 小匙

作法

1 龍鬚菜洗淨,摘掉太長的捲曲纖維粗的部分,切成約1.5公分的小段。

2 蘿蔔乾切丁狀,嚐嚐看如果太鹹,就泡冷水5分鐘,取出瀝乾。

3 大蒜拍碎去膜切末,辣椒切小段。

4 枸杞泡水至稍軟,取出瀝乾。

5 起油鍋,放入蒜及辣椒段翻炒,加進蘿蔔乾炒香後,放溼豆豉拌勻。

6 再入龍鬚菜,翻炒至稍軟,以鹽調味,鍋邊淋酒,加入枸杞炒勻就完成了。

T·I·P·S

枸杞除了營養價值也取配色之用,如果手邊沒有就不放。純素的朋友可以把大蒜改成薑絲。這一道菜炒製要快,以保持龍鬚菜的口感。

青龍炒蛋

我想家庭主婦都會很讚歎這一道湘菜吧，冰箱只要有蛋，愛吃辣的食客冰箱裡的辣椒，就可以變出一道下飯的香噴噴炒蛋。辣椒炒蛋豐儉由人，手邊有絞肉就加一些一起拌炒，更顯豐富。

材料

雞蛋…5 個
青龍椒…5 支
紅辣椒…2 支
醬油…1 1/2 大匙
紹興酒…1 大匙
白胡椒粉…1/2 小匙
烏醋…1 大匙

作法

1 青龍椒及辣椒洗淨，切1公分段備用。

2 準備一個料理盆及一小碗，先打開單1顆蛋到小碗，確認蛋清澈新鮮才倒入料理盆，一顆一顆打開。

3 起油鍋燒熱足量的油，把料理盆的蛋倒入鍋中像煎荷包蛋一樣煎，底面煎好再翻面煎，約八分熟後鏟出。

4 原鍋餘油加入紅辣椒及青龍椒翻炒，聞到青椒香氣時，把蛋入鍋，用鏟子把蛋略切塊，鍋邊嗆入醬油及酒，入白胡椒粉拌炒均勻，淋上烏醋翻兩下就可盛盤。

T·I·P·S

因為用到了5個蛋所以先檢查過才不會被壞蛋礙了好菜。青龍椒是不辣的，只取它的香氣和口感，所以我加入了紅辣椒。如果您喜歡辣，全部都用紅辣椒也無不可。煎蛋的時候不要煎過熟，口感比較好，不以打散蛋汁的方式來做而是煎成荷包蛋，是這道菜的特色，可保有最豐富的蛋香。

酸辣娃娃菜

娃娃菜，英文名字是 Baby Chinese Cabbage，顧名思義，是大白菜的縮小版，日本、中國都有種植，近年台灣也可常見，口感比較起大白菜來更為幼嫩，很受消費者喜歡。

在台北，可以在北方菜館子吃到酸辣白菜，模擬作法以娃娃菜來製作，更多了鮮甜口感，簡單的一道菜，香辣下飯。

材料

娃娃菜…300g
乾辣椒…1 小把
蒜瓣…1 小匙
白醋…2 大匙
二砂糖…1 小匙
鹽…1/2 小匙
淡色醬油…1 小匙
長的紅辣椒…2 支
片栗粉…1 小匙

作法

1 娃娃菜浸泡換水兩次，縱剖半，以水徹底沖淨瀝乾備用。

2 白醋、二砂糖、淡色醬油、鹽放入小碗中攪拌均勻備用。

3 長的紅辣椒切片。片栗粉加2大匙的清水調勻。

4 起油鍋，溫油時加入乾辣椒段煸炒至香氣飄出，乾辣椒轉呈棕色。

5 加入蒜片炒香，放進娃娃菜以大火拌炒，隨即加進調和的調味料拌勻，拌入適量的片栗粉水至適當的稠度，放進切斷的辣椒段，即可熄火盛盤。

T·I·P·S

在最後的階段，用很少量的勾芡使醬汁可以附在娃娃菜上，而不至於把這道菜炒成湯湯水水。

如果使用一般山東大白菜來製作這道菜，可以把菜梗子先下鍋，略炒後再下葉子部分，口感可以比較均勻。

馬來風光

好多年前某一日，我一個人到社區的香港餐廳用餐，看到牆上的菜單，馬來風光。好奇點了來嚐，原來是辣醬炒空心菜，嗜辣的我一下掃個精光，意猶未盡！每次出差到南洋國家，吃飯必點，馬來西亞的味道，是我比較愛的娘惹味，深深懷念。

這道熱炒主要是運用爆香及自製的參巴醬，炒出翠綠噴香的甕菜，趁熱上桌，大快朵頤。

材料

空心菜…1 把
蝦米…1 小把
參巴醬…1 1/2 大匙（作法請見 P.13）
魚露…1 1/2 小匙
大蒜…2 瓣
辣椒…1 支
花生米…1 把

作法

1 空心菜洗淨，手摘成段，大蒜拍碎去皮，辣椒斜切，蝦米泡水十分鐘瀝乾備用。

2 起油鍋，放入蒜、紅辣椒及蝦米炒香，加入空心菜翻炒，鍋邊嗆入魚露，加參巴醬炒勻，盛盤撒上花生米。

T·I·P·S

如果您今日要做這一道菜，請一定要記得煮一鍋白飯，並且預先把本書介紹的自製參巴醬做出來。也可以用其他蔬菜來做，高麗菜、四季豆也很適合，趕緊動手吧！

點心

為家人朋友準備的小驚喜，
撫平讀書工作的壓力和疲憊，
一壺熱茶、一杯咖啡，喘口氣再出發。

Nachos

這是在派對聚會的場合非常討喜，無人不愛的墨西哥點心，利用櫥櫃中常備的西餐材料，再去對門巷口小 7 買個玉米片，不一會兒香辣的 Nachos 就出爐了。

材料

墨西哥辣豆泥…1 罐
洋蔥…半個
牛番茄…1 個
青椒小型…1 個
墨西哥漬辣椒…少許
培根…3 片
披薩起司絲…1 又 1/2 杯
玉米片…1 包（150g）
Tabasco 辣椒水…少許

作法

1　洋蔥、青椒切丁，牛番茄切塊取出囊和籽切丁。

2　墨西哥辣豆泥加入適合自己辣的接受度的 Tabasco 辣椒水拌勻備用。

3　培根入平底鍋不放油，兩面煎香取出切條狀。

4　取一個烤皿，先鋪上一層玉米片，再鋪上一層起司絲，填入辣豆泥，鋪上第二層玉米片，均勻地撒上洋蔥、青椒、番茄丁、墨西哥漬辣椒、培根，最後再加上一層起司絲。

5　放進已經預熱至攝氏180度烤箱中烤12分鐘，再改上火把表層顏色烤深一些就可以出爐享用了。

T·I·P·S

這道點心的材料可以很簡單也可以豐富，如果季節對，加上酪梨醬蘸著吃也非常對味，也常見到加了以香料炒得辣辣的牛肉末，或是加入了酸奶來搭配著吃，發揮巧思，烤一盤 Nachos 來放鬆一下。

蒜香彩椒鹹蛋糕

這一個鹹蛋糕利用蒜辣鯷魚漬油來帶出甜椒的香味，
下午茶時搭配一杯熱可可或普洱茶，
整個心和胃都暖起來了。
周末的時候烤製出來，
禮拜一帶到辦公室分享，真是美事一椿！

蒜香彩椒鹹蛋糕

材料

A
高筋麵粉…100g
低筋麵粉…80g
泡打粉…1 小匙
蛋…1 個
橄欖油…2 大匙
糖…1 大匙
鹽…1/4 小匙
鮮奶…120ml
鮮奶油…80ml

B
紅椒及黃椒…各 1 個（小型）

C
油漬鯷魚…2 尾
蒜末…1 又 1/2 大匙
橄欖油…3 大匙

作法

1 紅黃椒洗淨切成丁。

2 油漬鯷魚切末，平底鍋放橄欖油把蒜末炒成透明後，加入鯷魚炒至香氣溢出，取出備用。

3 蛋、橄欖油、糖、鹽以打蛋器拌勻，加入鮮奶及鮮奶油、紅黃椒丁拌勻，把過篩好的麵粉及泡打粉放進去充分的混拌均勻。

4 烤模做好脫模處理，倒入麵糊，放進已預熱好的烤箱中，以攝式180度烤45～50分鐘，筷子插入蛋糕體中，不沾麵糊就熟了。

T·I·P·S
喜歡辣味的朋友可以在炒蒜油時加入切碎的乾辣椒。採用的蔬菜可以變化，不易出水的時蔬都可以做鹹蛋糕，喜歡肉味可加入火腿或培根。平時在冰箱準備一罐蒜辣鯷魚漬油，做義大利麵或蘸長棍麵包都很好用。

濃情巧克力

材料

苦甜巧克力磚
（52% 可可）…100g
苦甜巧克力磚
（77% 可可）…100g
鮮奶油…60g
鮮奶…30g
蘭姆酒…10g
無糖純可可粉…2 大匙
抹茶粉…2 大匙

作法

1 把巧克力磚切成細末，放在深盆中備用。

2 鮮奶油及鮮奶混合加熱，不要煮滾，維持中小火見周圍起泡泡就可以了（大約攝氏55度）。

3 將作法2倒入巧克力末中，攪拌至巧克力融化，如果溫度不足以讓所有巧克力融化，可以用隔水加熱的方式來處理。

4 加入蘭姆酒拌勻。

5 保鮮盒鋪上烤焙紙，小心地把作法4倒入鋪平，進冰箱冷藏2小時。

6 連同烤焙紙將凝固的巧克力取出，切成喜歡的大小方塊，每一層均勻的滾上可可粉及抹茶粉，就完成了。

T·I·P·S

巧克力的苦或甜的程度，全看自己的喜好，如果做給小朋友，就都用 60% 以下的，要是不加酒，就補上鮮奶。吃不完的巧克力要冷藏否則容易融化。

巧克力是一種多酚類的抗氧化物，它含有的特殊物質能降血壓及抗發炎、降膽固醇，如果作為保健食品，這一食譜的生巧克力就使用可可成分 70% ～ 80% 的，動手自己做，避免買到添加物過多的產品，反而無益。

濃情巧克力

說起生巧克力，先想到是日本的 R 牌。
如果自己動手做，除了新鮮香醇，
誠意也能感動心愛的人。

漢方酸梅湯

以前年紀輕的時候，嗜吃麻辣鍋，辣得受不了嘴巴噴火的時候，同事就開餐廳冰箱拿酸梅湯救火。酸梅湯是用烏梅等材料熬煮出來的，富含有機酸，可以解疲勞降肝火，還能平衡酸鹼值，是肉控者吃火鍋的良伴。

好喝的酸梅湯，除了配方外，適當的熬煮是關鍵，現在就自己動手來做吧！

材料

烏梅…2 兩
洛神花…1 兩
仙楂…2 兩
甘草…3 錢
陳皮…3 錢
水…3000cc
冰糖…400g

作法

1 把所有材料以清水沖洗後瀝乾。

2 取不鏽鋼鍋，加入水及藥材，中火煮至滾沸後，改小火續滾1小時。

3 撈除材料後加入冰糖攪拌至溶解，待涼透後分裝到完全乾燥的瓶子裡放冰箱冷藏，冷凍可維持半年。

4 如果以快鍋操作，藥材沖淨後，把烏梅先泡熱開水20分鐘，再轉至快鍋加入其他材料，只加3000cc水，煮到汽閥響起改小火續煮15分鐘即可熄火，撈除材料加冰糖。

T·I·P·S

小火熬煮是讓酸梅湯味道豐富且回甘的要訣，記得一定要用不鏽鋼鍋來做，不可以用鋁鍋。冰糖的分量可以隨自己的喜好增減。如果喜歡桂花香，可以在熄火後加入略燜 10 分鐘後和藥材一起撈出。

醬油小丸子

這是一個很討人喜歡的日式傳統小點，我雖然不吃甜點，但是對於QQ口感的點心非常喜愛。
這個點心不甜膩，製作極簡單，聚餐宴客非常適合。

材料

丸子材料
糯米粉…90g
在來米粉…60g
抹茶粉…1/4 小匙
溫水…110cc

蘸醬材料
醬油…1 1/2 大匙
味醂…1 大匙
黑糖…2 大匙
太白粉水…少許
水…100cc

作法

1 糯米粉和在來米粉混合均勻，加入水混合成團，水分慢慢加視狀況
　調整。

2 取一半的粉團，和抹茶粉揉勻，成為淺綠的粉團。

3 粉團平均分成共24個丸子。

4 煮沸開水，放進團子煮到浮起後，撈出泡進冷開水裡降溫。

5 起醬汁鍋加入水煮滾，放入黑糖煮融化，加醬油及味醂，以少許太
　白粉水勾芡。

6 丸子瀝乾串在竹籤上，平均蘸上醬汁，用噴槍火烤一下或是進烤箱
　烤一下，就完成了。

T·I·P·S
丸子烤過會有一個特別的米香味，這是因為配方中有在來米粉的關係，
這個配方做出來的醬油丸子很接近在日本吃到的味道。不用花錢去百貨
公司吃，自己做醬油丸子大勝！

製作這個食譜時有小私心，因為女兒不愛烤味，所以省了烤的程序。

柿餅和菓子

在京都初嚐這個甜點，一開始看不出來外頭的果乾是甚麼東西，咬下一口才知道是柿餅，外層寶貴的粉狀物是滲出的果糖，QQ甜甜的口感配上核桃的微苦和玄米茶非常的合搭，滿口餘韻。

材料

柿餅…4個
核桃…12顆

作法

1 把柿餅以手指掐軟，不要在桌上按壓，以免消耗寶貴的柿粉，用剪刀把柿中心剪掉，也就是本來蒂頭和底的部分。把柿子整個像紙一樣攤平，處理2個柿子，把2張柿子並排在一起，下方墊1張保鮮膜。

2 核桃放進已經預熱至攝氏120度的烤箱，烤5分鐘後取出。

3 每一個柿餅排入3顆核桃，堆兩層，也就是6顆核桃，從下端把柿餅緊包核桃捲起，方式就像捲壽司一般，用手把柿餅卷塑形捏緊，切成約1.5cm厚度，即可品嚐。

T·I·P·S

捲好的柿卷連同保鮮膜一起放冰箱冷藏，要吃的時候拿出來切，擺盤。這個和菓子可以選擇柿餅或柿乾（表面有白色粉末）來製作，柿餅可以幫助消化，營養非常豐富；柿乾也是很好的止咳潤肺的藥材，秋季用來燉煮雞湯，保護喉嚨、止咳，非常有效。

黑糖葛切

京都祇園的鍵善良房是非常有名的京菓子店，黑糖葛切非常賣座，這是我對葛切的第一次印象，當時眼睛為之一亮。簡簡單單的原料，看起來乾淨清涼，完全傳達了京菓子的質感。因緣際會下手上拿到了良質的葛粉，試作黑糖葛切，藉由這本書分享讀者。

葛切作法

材料

葛粉⋯120g
冷開水⋯320cc
黃豆粉⋯少許
黑糖蜜⋯50cc

作法

1 葛粉和水混合拌勻調開。

2 以中火加熱，一邊攪拌，直到呈透明糊狀。

3 倒入模型中抹平，涼了以後切成條狀，加入冰塊冰鎮。

4 黃豆粉放在烤盤攤平，放進預熱至攝氏150度的烤箱，烤3分鐘後取出放涼。

5 取出適當分量葛切裝進碗中，撒上黃豆粉，淋上黑糖蜜就完成了。

黑糖蜜作法

材料

黑糖⋯150g
蜂蜜或楓糖⋯40g
水⋯90cc

作法

取一個醬汁鍋，黑糖加水煮至糖溶解滾沸，熄火待稍降溫加入蜂蜜或楓糖拌勻，冷卻後轉置保鮮盒放冰箱冷藏，可保存半年左右。

T·I·P·S

製作這一款甜點，葛粉的品質很重要，坊間有些號稱葛粉的材料並不純，摻了太白粉。夏天的時候，台灣有些農家有葛根（arrow root）的收成，找有信用的小農買葛粉，葛根含有天然雌激素，營養價值高，也有解熱的功效。

黑糖蜜除了搭配甜點以外，我作滷肉臊、紅燒肉、豬腳時也會加進一些，顏色更琥珀油亮，平常冰箱常備一瓶，非常好用。

麥仔煎

這是台灣古早的街頭點心，把麵糊先調好放在冰箱裡，孩子放學前做出香噴噴的麥仔煎，讓他們在晚餐前，不致餓著肚子做功課。

材料

餅皮
中筋麵粉…150g
無鋁泡打粉…1 小匙
小蘇打粉…1/2 小匙
白糖…4 大匙
蛋…1 個
水…180cc

內餡
棕櫚糖…4 大匙
花生粉…3 大匙
白芝麻…1 大匙
碎堅果…1 大匙

作法

1　麵粉、泡打粉、小蘇打粉先過篩，取一料理盆，加入蛋和白糖，以攪拌棒打到起粗泡，加進粉類及水調成麵糊備用。

2　取一個平底鍋，以餐巾紙抹上一層薄薄的油，鍋子熱了倒入麵糊，一邊轉動鍋子，讓麵糊均勻成為一張圓餅。

3　改中小火，蓋上鍋蓋讓熱氣把餅皮燜到幾乎全熟後，在半張餅上均勻的撒上內餡的材料，把另一半餅皮摺過來蓋上。

4　觀察底部煎上色後，翻面再煎上色就可以取出切好，盛盤。

T·I·P·S

棕櫚糖又稱椰糖，不像一般白糖那麼甜，取自棕櫚樹的花汁。用來做這個點心，餡有淡淡的香氣卻不擔心熱量過多的問題，如果愛吃南洋點心，像是椰汁西米露，用棕櫚糖取代一般白糖也非常適合，現在在有機商店幾乎都可以看到，藉由這個機會介紹給大家。

如果手上沒有材料中的花生粉，以花生醬代替也很適合，當然有芝麻醬也可採用。

藍莓布丁蛋糕

布丁蛋糕（Clafoutis）是我這個不吃甜點的媽媽家裡常出現的點心，一次可以只烤一份，新鮮現吃，不怕留下來的如何消化。用料簡單，同時享受布丁的Q和蛋糕的香，非常方便且受歡迎。

材料

新鮮或藍莓乾…70g
雞蛋…3 個
鮮奶…150cc
鮮奶油…100cc
低筋麵粉…90g
白砂糖…80g
鹽…1 小撮
香草精…1 小匙
防潮糖粉… 少許

作法

1 麵粉過篩備用。

2 取一個鋼盆，放進蛋和白砂糖，以電動攪拌器打到起粗泡泡。

3 加入鮮奶、鮮奶油、麵粉拌勻。

4 接著放進一小撮鹽及香草精拌勻。

5 烤盅塗上一層薄油，倒入麵糊，均勻地加進藍莓。

6 放進已經預熱至攝氏180度的烤箱中烤30分鐘，再改以上火烤3分鐘讓表面上色，取出後撒上少許糖粉就完成了。

T·I·P·S

烤好的布丁蛋糕讓廚房充滿香香甜甜的溫暖氣味，泡上一壺熱紅茶，趁熱享用，冬天的下午，補足快熄火的精力。任何莓果：紅莓、藍莓、覆盆子、草莓都可以使用。如果是一個人享用，就採食譜分量的一半。

椰奶芋泥芝麻糊

女兒又再提，好久沒做芝麻糊了。今天去市場看到盛產的芋頭，老闆幫我削好了皮，就來做一道甜點吧！

材料

黑芝麻…半杯
白飯…1 杯
溫熱開水…適量
白糖…3 大匙
芋頭…200g
椰奶…60cc
棕櫚糖…3 大匙

作法

1 芋頭切小塊，進電鍋以外鍋半杯水蒸至開關跳起，壓成泥趁熱拌入棕櫚糖、椰奶60cc。

2 黑芝麻炒香，連同白飯、白糖、溫熱開水放入料理機中打成芝麻糊，水量是材料的兩倍高。

3 取一個點心碗，把芋泥置碗中心，倒入芝麻糊，再用椰奶裝飾一下（食譜分量外），就可以享用了。

T·I·P·S

這是一個讓人心滿意足的甜點，有一點小飢餓感的時候，來一碗可以把晚餐延後 2 小時或直接把正餐量減半。利用白飯來打芝麻糊是個很省事的方法，您也可以利用白飯來混合各類堅果打成營養豐富的堅果糊，隨時補充家人的營養。

無花果可可杏仁球

這是一款作法很簡單的可口甜點，很適合喜歡巧克力的朋友，吃甜點抗壓卻沒有大負擔，泡杯熱茶搭配，給下午的體力來一點補給。

材料

燕麥片⋯1/4 杯
可可粉⋯3 大匙
無花果⋯3/4 杯
椰絲⋯1/2 杯
切碎的杏仁⋯1/2 杯
鹽⋯1 小撮
溫開水⋯1 1/2 大匙

作法

1 無花果放入食物料理機中，加溫開水，開機打碎。

2 取料理缽，放入燕麥片及可可粉混合均勻，把準備好的無花果加入，放進鹽，混合均勻後捏成12顆球。

3 平盤放入椰絲及切碎的杏仁均勻鋪平，把圓球均勻地壓滾一層，完成這一道甜點。

T·I·P·S

非常簡單，不需烤箱也不用開火的甜點，可以放在保鮮盒裡，進冰箱三天內吃完。

就像許多果乾一樣無花果乾富含膳食纖維、鈣、銅、鎂、錳、鉀、維生素 K 等多種有益人體的物質，還含有多種抗氧化劑、黃酮和多酚。無花果有潤腸通便的效果，並且可以降血脂，是我日常的小零嘴，做點心也非常好運用。這個甜點主要的甜味是來自無花果，怕胖的美眉也可以放心享用。

酸辣豆腐腦

在台灣，無論冷熱，豆花大多是吃甜的，簡單的加上糖水，花稍的加上紅豆、粉圓、花生等等。在中國，可以吃到鹹的豆花（也稱做豆腐腦），北京吃到的是單籠去蒸，用花椒等香料把各式木耳蔬菜等炒成澆頭，加上高湯淋在豆腐腦上。川味的有油潑辣子豆花，到了雲南西部，將韭菜花、蒜泥、蔥花、香菜、碎花生等等拌豆腐腦，吃法眾多。

在里仁門市買到明豐生產的盒裝豆花，回家一試口感和市面上的豆花很不一樣，我想應該是鹽滷不同所致。我把四川特有的小吃，傷心酸辣粉，改以豆腐腦製作，真是愛吃辣的我口袋小吃首選！請大家試試做出不一樣吃法的豆腐腦，必定獲得熱烈回響！

材料

明豐豆花…600g
蝦米…1 小把
泡發乾香菇…1 朵
榨菜末…1 大匙
香酥花生…2 大匙（磨碎）
炒熟白芝麻…1 小匙
洗淨的青江菜…1 把
蒜泥…1 大匙
香菜末…少許
蔥花…少許
水…2000cc

調味料

醬油…2 大匙
里仁麻辣醬（油）…1 大匙
香油…1 大匙
明德非基改辣豆瓣醬…1 小匙
白醋…1 大匙
烏醋…1 大匙
糖…1 小匙

作法

1 蝦米在溫水泡3分鐘後撈出瀝乾，泡好的香菇切絲。

2 起油鍋放入蝦米香菇炒香，加進豆瓣醬拌炒，隨即兌入2000cc水煮滾，加進青江菜。

3 豆花分別盛入4個麵碗中，放蒸盤裡隔水蒸5分鐘取出，舀入滾沸的湯汁。

4 把調味料拌勻，平均淋在豆花上，撒上榨菜末、花生、白芝麻、蔥花及香菜末、蒜泥，即成。

T·I·P·S

蝦米和香菇的鮮味是用以取代路邊攤放的大量味精，自己做簡單的酸辣豆腐腦，衛生也吃的安心。

辣味佛卡夏

我並非麵包的喜好者，但我中了佛卡夏的毒！上一本料理書我做了佛卡夏，還記得上中廣「超級美食家」時瑞瑤姊說：Elisa，這一看就知道真的是妳自己做的，而且做得很好啊！

我喜歡佛卡夏的純樸真實，麵香、橄欖油香、黑橄欖的醇、香草的 fresh。這本食譜的佛卡夏，我加入了辣的元素，還有其他的食材，更豐富的內容，食指大動！

材料

麵團
中筋麵粉…200g
速發酵母…1/2 小匙
洋蔥…1/3 個
鹽…1/2 小匙
糖…1 小匙
冷水…120g

其他材料
墨西哥泡辣椒…1 大匙
黑橄欖切片…1 大匙
海鹽…少許
黑胡椒…少許
迷迭香…少許
匈牙利紅椒粉…少許
橄欖油…1 大匙

作法

1 洋蔥切末，入平底鍋以少許油炒至呈透明狀。

2 所有麵團材料及炒好的洋蔥末倒入鋼盆中搓揉 7～8分鐘成為一個不黏手的麵團，或以麵包機「麵團」製程操作，覆蓋濕布麵團靜置1小時，發酵約兩倍大。

3 烤盤抹上少許橄欖油，麵團取出以手掌把空氣壓出來放進烤盤中，以手推壓成和烤盤一樣大小，以手指在麵團上戳孔洞。

4 把黑橄欖及墨西哥辣椒排入孔洞中，表面刷上橄欖油，撒少許海鹽，鋪上少許迷迭香，放進已經預熱至攝氏190度的烤箱中烤18分鐘，取出撒上匈牙利紅椒粉，切塊供食。

T·I·P·S

不管您是否會做麵包，佛卡夏算是麵包的簡易入門練習版，動手烤一個噴香的佛卡夏，會讓自己信心大增，冰箱有甚麼材料都可以靈活運用，油漬番茄、培根、新鮮櫛瓜、各色香草，做出豐富的佛卡夏，而且保證討喜，樂此不疲！

阿母ㄟ茶葉蛋

這一個茶葉蛋食譜是我屢戰屢勝的一帖，大人小孩一概收買，也常見到一次吃三顆欲罷不能者，有時被稱讚飛上了天，很自豪自己老了可以靠自己賣【阿婆茶葉蛋】來照顧自己的餘生啊！

好吃食譜不藏私，其實製作非常簡單，各位阿母可以試著做做看。

材料

洗選雞蛋…10 個
鹽…2 小匙
糖…1 小匙
醬油…1/2 杯
水…700cc
桂枝… 3g
八角…1 枚
月桂葉… 3 片撕碎
紅茶包…2 袋

作法

1 雞蛋以清水洗淨，放進6人分不鏽鋼電鍋內鍋，剛好把底部鋪滿。

2 鍋內加進清水、鹽、糖、醬油及所有香料，兩袋紅茶就覆在上方

3 電鍋外鍋1杯水，煮至開關跳起，取湯匙舀出蛋，以另一個小鐵匙輕敲出裂痕，力道不需要太大以免蛋殼分離，敲好的蛋再度放入湯汁中浸泡，此刻要把茶包撈除，以免久泡轉澀發苦。

4 浸泡隔夜（至少10小時），電鍋外鍋加1杯水，再煮第二次。

5 煮好第二次的蛋，再浸泡5至6小時，就很入味可以享用。

T·I·P·S

茶葉蛋一次吃不完，放保鮮盒進冰箱保存，吃的時候放小塑膠袋裡，取八分滿飯碗熱水浸在碗裡 5 分鐘就可以吃了，溫熱的茶葉蛋比冰的香氣足。蛋的鹹淡和用哪一廠牌的醬油也有關，我的醬油屬於沒有甜味的醬油，茶葉蛋的顏色來自紅茶，所以醬油多放沒有意義。鹹味可以用鹽部分取代，提供大家參考。煮茶葉蛋的鍋子以不鏽鋼鍋最適合，因為茶葉會釋出茶鹼，有些質料的鍋子會變黑，看起來不太安心。

食安小提醒：我在廚房處理雞蛋是非常小心的，儘管買蛋只買洗選蛋而不買散蛋，我還是很小心的清洗蛋殼再料理，碰過蛋殼的手一定洗過才做下一件事，如此才能杜絕沙門氏桿菌為家人健康把關，尤其是家有幼童的媽媽們更要小心。

綠豆煎餅

今年首爾自助行，到廣藏市場吃到了有名氣的順熙家綠豆煎餅。攤子前石磨裡磨著綠豆仁，煎餅的大嬸手沒停過，雖是大的平底煎鍋，裡面的油量還不少。我直覺地只點了一份綠豆煎餅而跳過了煎肉餅。這綠豆煎餅用這麼多的油來煎製，口感酥脆嚐起來卻非常清爽，旁邊的兩道小菜：韓國泡菜、醬醋洋蔥真是搭配得太好了，回台北馬上下廚來試做。

材料

綠豆仁…1 杯
豆芽菜…少許
青蔥…2 支
洋蔥…半顆
泡菜…少許
泡菜汁…3 大匙
麵粉
（或糯米粉）…2 大匙
魚露…適量
白胡椒粉…少許

醃洋蔥醬汁

醬油…1 大匙
白醋…2 大匙
糖…1/2 大匙
白開水…1 大匙

作法

1 做醬醋洋蔥：把洋蔥切成小塊，放進保鮮盒。加進醃醬汁，蓋上蓋子充分搖勻，入冰箱冷藏一天以上使其入味。

2 綠豆仁加水泡至少3小時，夏天請進冰箱冷藏。

3 青蔥切成蔥花，豆芽摘掉根部洗淨瀝乾。

4 瀝乾綠豆仁，放進食物料理機打碎成泥，取出放進料理缽裡。

5 加入青蔥、豆芽菜、泡菜汁、白胡椒粉、魚露少許、麵粉拌勻。

6 平底鍋加熱油，舀進綠豆仁糊，中火煎至金黃色翻面再煎，兩面煎香酥就可以盛盤。

7 搭配泡菜及醬醋洋蔥一起趁熱食用。

T·I·P·S

綠豆煎餅的食譜很多，有些會加豬絞肉進糊中，做成綠豆煎肉餅，也看過在單面鋪上五花肉煎的版本，這讓我想到大阪燒。我自己偏愛吃素味的方式，最能吃得出綠豆仁的香氣。

材料中添加麵粉或糯米粉都可以成功，口感有不同，原則上是如果綠豆仁糊夠稠，不再加粉類也可以。

醃洋蔥醬汁可以隨自己的喜好來調整，食譜中這個配方比較偏酸不是太甜。

醬料與香料
櫥櫃裡常備

喜歡動手下廚的朋友們，
府上的冰箱肯定有不少的瓶瓶罐罐，
這還不夠；必定另有一個常溫食物櫃。
打開冰箱、食物櫃，
看看有些什麼厲害的食材！

Café&Meal MUJI 野菜

作りおき野菜おか

VEGETABLE

常備菜

1 **是拉差辣椒醬**：也有人稱之為公雞甜辣醬，這個在泰國、越南餐桌不可缺的要角，自有它不可被取代的重要地位，吃生牛肉河粉或越南春卷時，沒有它整個就是不對。我總是擠一些在碟子裡，加入檸檬辣椒魚露，蘸著吃太過癮！

2 **6 La Costea 墨西哥辣椒醬**：這是比較有沙沙醬風味的辣椒醬，紅瓶、綠瓶風味不太相同，比起 Tabasco，彷彿多了一點蔬菜味，吃墨西哥捲餅及燉飯少不了的一味。

3 **韓國辣椒炒醬**：現在在各大超市都可以很方便的買到韓國的辣椒炒醬，用來炒年糕、拌飯、拌冬粉、做料理都極方便，照片這一瓶是我在首爾的蠶室一家超市買的，味道非常棒，重點是勁、辣、香，希望台灣也可以買得到。

4 **李派林伍斯特辣醬油（Lea & Perrins Worcestershire sauce）**：這個醬料是英國老牌，是以大蒜、洋蔥、鯷魚、丁香、羅望子、辣椒製作出來的，它不像醬油那麼鹹，嚐起來像辣味的烏醋，果香味很足，除了用以入菜調味，也可在製作沙拉時使用。

5 **TABASCO 辣椒水**：我是這一牌辣椒水的死忠粉絲，冰箱裡有一罐用過的，櫃子裡還要有一瓶沒開封的候補；披薩、淺艇堡、義大利麵、西餐料理，非它不可。

1 **里仁薑油**：里仁的清亮薑油來自台東，我最常把它運用在拌燙青菜，尤其冬天高麗菜盛產的時候，把菜稍微燙一下，拌上薑油撒點海鹽就有很棒的風味，炒苦瓜時也可以放一些用以平衡食物的屬性。

2 **韓國辣椒醬**：韓國的醬料引進台灣在一般超市最常分成三種，紅色罐是辣椒醬，咖啡色罐是大醬，而綠色罐是拌飯醬（也就是辣椒醬加大醬）。照片上這一瓶的瓶子是透明的，雖然蓋子不是紅的，但可以看出是辣椒醬。是韓國料理中少不了的調味料。

3 **里仁香椿醬**：香椿一般在夏末盛產，錯過季節有了這一瓶就不擔心了，炒麵、炒飯、做餅、涼拌，是素食者的最愛。

4 **里仁麻辣醬**：里仁的麻辣醬很厲害，我在嚐的時候覺得有一股鹹香，一看成分原來加了豆豉，這一瓶麻辣醬的 CP 值很高，內容辣渣材料達 2/3 瓶，我總在吃過 1/3 時，再兌油脂進去，過幾天辣油就充滿香氣，它的特色是麻、香、卻不是太辣，拌乾麵、涼拌菜適用。

5 **韓國大醬**：大醬就是韓國的味噌，和辣椒醬一樣是韓國廚房的要角，燒菜、做大醬湯，少不了的調味料。

6 **明德辣豆瓣醬**：明德醬園現在也生產非基改的豆瓣醬，製作麻婆豆腐、臭臭鍋、麻辣鍋時使用，請注意舀出來時盡量保留最上層的麻油，才能留住辣豆瓣醬的香氣。

7 **里仁花生醬**：里仁的花生醬香濃不甜膩，吃得到一顆一顆的花生，口感很好。花生就怕買到保存不好的，所以在料理中我常用花生醬取代花生，推薦這一罐給大家。

推薦店家：里仁。

泰國魚露：在台灣買魚露除了超市，也可以在巷弄的南洋商店看到比較私房的牌子

巴薩米克醋：Balsamic vinegar 這個黑黑酸酸甜甜的好味，用來做西餐沙拉非常迷人，裡頭的學問可不小，巴薩米

日本柑橘醋：我不得不佩服日本料理把柑橘類和燒烤搭配的巧妙想法，讓食物更清爽不膩口的秘密武器。

日本胡麻油：我這生第一次在日本超市買的就是這一瓶很厲害的胡麻油，好東西不孤獨，照片中的是好友從日本為我帶的伴手禮，有眼光。

穀盛陳年米醋：穀盛的白醋酸度高達6%，是喜歡吃酸的我白醋的首選，長年不改。

蘋果醋：做西餐使用，畢竟以中餐用的米釀醋並不適合料理西餐，所以會常備一瓶。

韓國魚露：這一瓶魚露是我專用來做韓國泡菜及小菜使用，泰、越的魚露和韓國的味道還是有出入的。

日本柚子胡椒：用來醃製肉類做成料理是常見的做法，雖名柚子胡椒成分卻沒有胡椒，內容是日本佐川柚子和青辣椒、紅辣椒製成。

1 **七味唐辛子：**日本料理中常用在烏龍麵、丼飯、燒烤的重要香料，七味就是紅辣椒、陳皮、黑芝麻、白芝麻、山椒、薑、青海苔，這一罐則是多了柚子香氣。

2 **香蒜粉：**醃製肉類、烘焙麵包、西餐製作醬料常用。

3 **西班牙紅椒粉（Paprika）：**雖然是辣椒磨成粉，但一般在台灣買到的紅椒粉並不會太辣，而且帶甜味。料理雞肉、魚、牛、豬肉、蔬菜都很適合。（同匈牙利紅椒粉）

4 **湯用胡椒粉：**這一罐除了胡椒還添加了其他香芹等香料，是我做湯品時的好搭檔。

5 **白胡椒粉：**許多白胡椒粉除了白胡椒還加了其他的粉類，購買時須注意。

6 **肉桂粉：**是具有強烈異國味道的香料，用來做甜點或調配咖啡。

7 **月桂葉：**月桂葉適合用來燉湯、燉肉、西式燉菜，我也會在煮茶葉蛋時放幾片進去，香氣豐富。

8 **義大利綜合香料：**乾燥的各種 Herbs（迷迭香、羅勒、百里香、奧勒岡、巴西利、薄荷等等），這一瓶是廚房必備，義大利麵、西式料理、比薩等等，方便好用。

9 **卡宴辣椒粉：**Cayenne Papper 成分是牛角椒，產於印度，為咖哩及印度燉菜添加辣度。

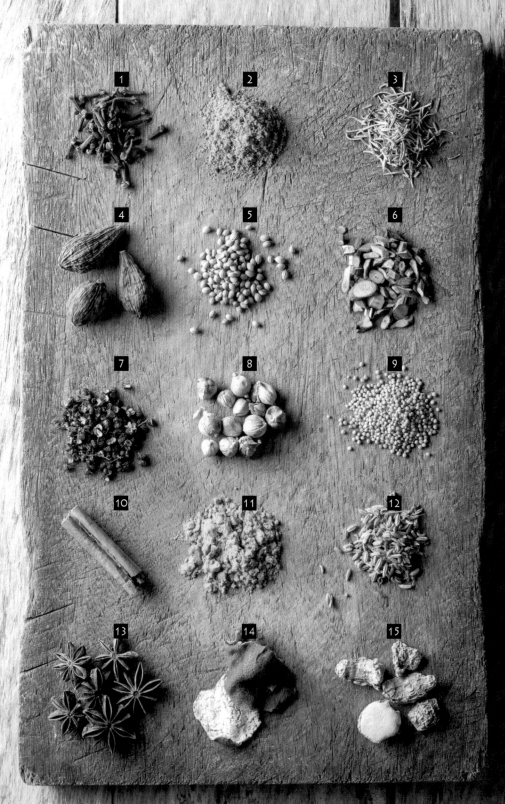

1 丁香： 廣泛運用在中式滷肉及西式湯品上，也是做咖哩的重要材料，用來調味不需多放，一、二顆就有十足香氣。

2 咖哩粉： 我自己最愛用的是來自印度的品牌 Madras，它的成分很單純，就是鬱金、芫荽、番椒、馬芹子、希臘草、鹽、薑，炒起來香氣濃郁，成分沒有洋蔥，純素者也可以放心使用。

3 迷迭香： 最適合用來烹煮西餐的肉類，據說可抑制肉遇熱所產生的致癌物，味道非常提神。

4 草果： 用來烹調可去除肉的腥味，中餐多用以滷味及麻辣鍋，是重要的香料，拍破使用香氣更足。

5 芫荽籽： 最初接觸芫荽籽，是自己著手研究綠咖哩那一次，原來芫荽籽是芫荽的種子，我們平常吃到的芫荽葉是 Cilantro，而芫荽籽稱為 Coriander seeds。這個香料很好用，在我著手寫這本書的同時，也學會了北印料理的慣用手法，就是先爆香芫荽籽或芥末籽，效果非常非常的好。

6 桂枝： 是一種重要的中藥材，我在做滷味時會加入，取其香氣。

7 大紅袍花椒： 通常台灣人對花椒的印象是麻，包括我自己也是一樣，很多人都忽略了花椒珍貴的香氣。其實花椒的學問可大了，不同品種的香氣、麻勁、辣勁、含油量等等都不盡相同，大紅袍果粒大，種皮厚，香氣逼人，麻味反而不刺激，後勁也沒那麼強。密封的花椒打開包裝滿室生香，取用後包好轉凍庫保存，當然不要一次買太多，另外先煉成花椒油也是保持香氣的好方法。

8 荳蔻： 是一個普遍的香料，磨成粉用來做為鹹派或點心的香料，或是製作麻辣鍋、火鍋、滷味。

9 芥末籽： 芥末籽是十字花科植物，帶有辛辣香味，炒香做為咖哩調味常被使用在我的食譜中。

10 肉桂： 肉桂是中藥材，也是常見的調味用料，烹調時用肉桂做成的五香粉調味滷肉，甜點咖啡也可加入粉末增添溫暖香氣，除此之外，肉桂更是享有盛名的健康食品。

11 薑黃粉： 曾一度風靡保健市場的薑黃粉，其實用以入菜讓家人均衡攝取就可以吃得健康。做麵包、煮飯、入菜，加熱過的薑黃效果才好。

12 小茴香： 小茴香就是孜然，有很豐富濃烈的香氣，除了去腥還可以解油膩，在南亞、中東、北非與新疆，最常被用在燒烤牛、羊肉中，使用的普遍程度，就像一般餐桌上備用的黑胡椒粉一樣。

13 八角： 少量運用在燉、滷的厚味菜餚中，不需多放以免搶味。

14 廣陳皮： 就是橘皮，橘子成熟後的果皮曬乾或烘乾而成。廣東人燒菜喜歡用陳皮，陳皮可以取代酒或薑，幫助食材去除腥味。

15 三奈： 又稱作沙薑 是滷包中的重要一員，東南亞料理很愛用，印尼有名的髒鴨餐，就是以它做為主要的香料。

FB：香料櫥櫃

後記

五個拍攝工作日，八十幾道菜，身邊的親朋好友關心的想幫一點忙。

考量自己廚房不大，也擔心壓力大口氣不好，所以決定自己一個人努力達成。

騎著我的鐵馬穿梭在社區幾個市場、超市，

一天要拍攝的食譜要跑好幾個地方才能備齊所有材料。

把菜洗好切好分類好，冰箱已經滿出來了！

睡前再仔細檢查 Ipad 上的食譜，腦子整理好出菜順序的清單，

才發現已是累得無法立刻入睡。

欣慰的是，前面做足功課，使得出菜非常順利，

上午快十一點才開拍，可以在下午四點半至五點半收工，

想想從前老闆叫我「快子手」絕非浪得虛名！

下廚就是這麼吸引我的一件事，

挑戰越大越過癮，一切靠自己、不假他人也是我一直以來的個性。

這樣的訓練是一種對自己的檢視，

但願可以一直保持靈活的動腦，有效率的行動，

讓周圍的親人好友，繼續享用我的手作料理。

謝謝編輯麗娜，不時地跳下來幫忙洗洗碗，努力捧場的吃吃吃。

謝謝攝影璞真奕睿，為我的料理書增添美麗篇章；

一起參與的美好經驗，已在我記憶中留下深刻印象。

bon matin 100

全世界找辣吃

作　　者　Elisa Liu
攝　　影　璞真奕睿

總 編 輯　張瑩瑩
副總編輯　蔡麗真
主　　編　莊麗娜
美術編輯　林佩樺
封面設計　徐小碧

責任編輯　莊麗娜
行銷企畫　林麗紅

社　　長　郭重興
發行人兼
出版總監　曾大福
出　　版　野人文化股份有限公司
發　　行　遠足文化事業股份有限公司
　　　　　地址：231新北市新店區民權路108-2號9樓
　　　　　電話：（02）2218-1417　傳真：（02）86671065
　　　　　電子信箱：service@bookrep.com.tw
　　　　　網址：www.bookrep.com.tw
　　　　　郵撥帳號：19504465遠足文化事業股份有限公司
　　　　　客服專線：0800-221-029
法律顧問　華洋法律事務所　蘇文生律師
印　　製　凱林彩印股份有限公司
初　　版　2017年元月18日出版

國家圖書館出版品預行編目(CIP)資料

全世界找辣吃! / Elisa著. -- 初版. -- 新北市 : 野人文化出版 : 遠足文化
發行, 2017.02　面；　公分. -- (bon matin ; 100)
ISBN 978-986-384-176-0(平裝)

1.食譜

427.1　　　　　　　　　　　　　　　　　　105022638

野人文化
讀者回函卡

感謝您購買《全世界找辣吃》

姓　名　　　　　　　　□女 □男　年齡

地　址

電　話　　　　　　　手機

Email

學　歷 □國中(含以下) □高中職　□大專　　　□研究所以上
職　業 □生產/製造 □金融/商業 □傳播/廣告 □軍警/公務員
　　　 □教育/文化 □旅遊/運輸 □醫療/保健 □仲介/服務
　　　 □學生　　　□自由/家管 □其他

◆您從何處知道此書？
　□書店　□書訊　□書評　□報紙　□廣播　□電視　□網路
　□廣告DM　□親友介紹　□其他

◆您在哪裡買到本書？
　□誠品書店　□誠品網路書店　□金石堂書店　□金石堂網路書店
　□博客來網路書店　□其他_____

◆您的閱讀習慣：
　□親子教養　□文學　□翻譯小說 □日文小說 □華文小說 □藝術設計
　□人文社科　□自然科學　□商業理財　□宗教哲學　□心理勵志
　□休閒生活（旅遊、瘦身、美容、園藝等）　□手工藝／DIY　□飲食／食譜
　□健康養生 □兩性 □圖文書／漫畫 □其他

◆您對本書的評價：（請填代號，1. 非常滿意　2. 滿意　3. 尚可　4. 待改進）
　書名_____封面設計_____版面編排_____印刷_____內容_____
　整體評價_____

◆希望我們為您增加什麼樣的內容：

◆您對本書的建議：

23141
新北市新店區民權路108-2號9樓
野人文化股份有限公司 收

請沿線撕下對折寄回

書名：全世界找辣吃

書號：bon matin 100